服装电脑设计

（第 2 版）

主　　编◎傅　成
副 主 编◎吴国辉　谢景英
参　　编◎高　雅　周　祥　颜江玲
企业人员◎林燕萍
主　　审◎邹庆川

北京理工大学出版社
BEIJING INSTITUTE OF TECHNOLOGY PRESS

内 容 提 要

本书分别介绍了 CorelDRAW X6 和 Photoshop CS6 两种软件在服装设计中的具体使用方法和表现技法，以及两种软件相互配合使用的表现形式，具体内容包括服饰图案设计、平面款式图设计、服装面料设计、服装上色与填充、服饰配件设计、服装效果图处理以及 CorelDRAW X6、Photoshop CS6 综合实例等。

本书从服装设计师的能力要求出发，按照服装企业设计师应具备的职业素质要求编排相关内容，由浅入深、循序渐进地针对两个应用软件进行不同的专业案例设计示范，以期达到从入门到熟练的训练成效。

本书既可作为服装设计专业的教材使用，也可供服装设计专业人员参考。

版权专有　侵权必究

图书在版编目（CIP）数据

服装电脑设计 / 傅成主编. —2版. —北京：北京理工大学出版社，2020.1
ISBN 978-7-5682-8095-2

Ⅰ.①服… Ⅱ.①傅… Ⅲ.①服装设计–计算机辅助设计–高等职业教育–教材 Ⅳ.①TS941.26

中国版本图书馆CIP数据核字（2020）第021395号

出版发行 /	北京理工大学出版社有限责任公司
社　　址 /	北京市海淀区中关村南大街5号
邮　　编 /	100081
电　　话 /	（010）68914775（总编室）
	（010）82562903（教材售后服务热线）
	（010）68948351（其他图书服务热线）
网　　址 /	http://www.bitpress.com.cn
经　　销 /	全国各地新华书店
印　　刷 /	定州市新华印刷有限公司
开　　本 /	787毫米×1092毫米　1/16
印　　张 /	12.5
字　　数 /	293千字
版　　次 /	2020年1月第2版　2020年1月第1次印刷
定　　价 /	38.00元

责任编辑 / 陆世立
文案编辑 / 梁　潇
责任校对 / 周瑞红
责任印制 / 边心超

图书出现印装质量问题，请拨打售后服务热线，本社负责调换

前 言

为了更加快捷有效地完成各种类型的服装设计，日益完善的计算机软件成为企业与设计师的首选，它的便捷与高效将设计师从传统的手工绘制中解放出来，借由软件进行服装款式、图案、面料的设计。设计师不仅可以快速地将绚烂的手绘效果图视觉化表达，还可以利用它的强大编辑功能对图稿进行快速便捷地修改、变化、填充、渲染等处理。正是由于计算机软件的这些优点，现代企业已经广泛地采用计算机绘图软件进行相关产品的设计与开发，可见计算机绘图已成为服装设计师必不可少的一项基本技能。

本书从CorelDRAW X6、Photoshop CS6两个软件基本工具出发，分别介绍了两个软件在服装绘画方面的技巧。本书针对受众群的实际情况，在内容上广度深度适中，丰富多样；在方法上多遍复述强化技法、熟练记忆；在技法的选择上，简便多样、解释详尽，让学生在反复操作中达到查找方便的目的。本书在注重训练艺术审美的同时强调实用技术和技能的完美衔接，以及与未来就业的无缝对接。全书实例操作除文字讲解外还配备详细的图片，标注明确清晰，可操作性强，实例丰富，技术全面，使学习变得轻松快捷。

作为承担教育与人才培养责任的高校，本着对专业人才素质、技能要求的考量，全书在内容与方法上围绕教学环节进行设计，立足学生，展望企业与市场。服装计算机设计课程是服装设计专业的骨干课程，它为后续服装专业课程的学习提供帮助，借助计算机绘画可以缩短作业时间，提高学习效率，将学生有限的精力重点放在原创作品的构思设计上，同时也满足了学生向企业设计师角色的转换。各种计算机绘画软件的使用也可丰富学生作品的表现力，为学生的开放性思维提供创作的平台。

本书在编写的过程中除参考CorelDRAW X6、Photoshop CS6软件使用手册外，在内容的编写与实例的设计上参考了由中国纺织出版社出版的服装高等教育"十二五"部委规划教材（本科），江汝南编著的《服装电脑绘画教程》，同时也要感谢江西服装学院服装设计专业的李燕茹、余婉瑶、李苏、李洪坤等青年教师在细节与作品上的支持。

编 者

【目录】
CONTENTS

第一章　CorelDRAW X6 基本操作　1

- 第一节　CorelDRAW X6 基本操作界面介绍 …………………………………… 3
- 第二节　CorelDRAW X6 菜单功能介绍 ………………………………………… 6
- 第三节　CorelDRAW X6 服装绘图常用工具介绍 …………………………… 19
- 第四节　CorelDRAW X6 服装绘图常用工具操作 …………………………… 23

第二章　服装零部件绘制实例　50

- 第一节　口袋绘制实例 ……………………………………………………… 51
- 第二节　领子绘制实例 ……………………………………………………… 54
- 第三节　拉链绘制实例 ……………………………………………………… 58

第三章　图案绘制实例　65

- 第一节　独立式绘制实例 …………………………………………………… 66
- 第二节　二方连续绘制实例 ………………………………………………… 71
- 第三节　四方连续绘制实例 ………………………………………………… 76

第四章　服装平面款式图绘制实例　82

- 第一节　裤子款式图绘制实例 ……………………………………………… 84
- 第二节　衬衫款式图绘制实例 ……………………………………………… 88
- 第三节　西装款式图绘制实例 ……………………………………………… 92
- 第四节　下裙款式图绘制实例 ……………………………………………… 97
- 第五节　连衣裙款式图绘制实例 …………………………………………… 101

第五章　服装面料绘制实例　106

- 第一节　牛仔面料绘制实例 ………………………………………………… 108
- 第二节　呢子面料绘制实例 ………………………………………………… 111
- 第三节　格子面料的绘制实例 ……………………………………………… 116

第四节　棒针面料及针织面料绘制实例 ………………………………………… 121

第六章　Photoshop CS6 服装电脑设计　127

第一节　Photoshop CS6 基本操作界面介绍 …………………………………… 128
第二节　服装绘图常用工具介绍与操作 ………………………………………… 132

第七章　服装配件绘制实例　155

第一节　皮料手包绘制实例 ……………………………………………………… 156
第二节　女式短靴绘制实例 ……………………………………………………… 162
第三节　女式帽子绘制实例 ……………………………………………………… 168

第八章　服装效果图的处理　174

第一节　服装 jpg 款式图的处理 ………………………………………………… 175
第二节　牛仔服装款式图的绘制与效果处理 …………………………………… 179
第三节　服装效果图处理款式 …………………………………………………… 184

第九章　CorelDRAW 和 Photoshop 软件处理服装效果图　190

第一章　CorelDRAW X6 基本操作

知识目标

了解 CorelDRAW X6 软件工具等相关概念，明确 CorelDRAW X6 软件菜单功能基本知识，熟悉 CorelDRAW X6 软件服装绘图常用工具，学习 CorelDRAW X6 软件服装绘图常用工具操作。

技能目标

掌握 CorelDRAW 软常用工具命令的操作技巧，掌握 CorelDRAW 软件工具的快捷命令，并能够快速完成服装基本款式图的绘制。合理分析与把握绘制服装款式图步骤。

情感目标

培养学生作为服装设计师应具备的基本素质和遵循的基本原则，提高学生绘制服装款式图规范性的操作方式。提高学生对服装设计的热情和期待。

第一章

CorelDRAW X6 基本操作

思维导图

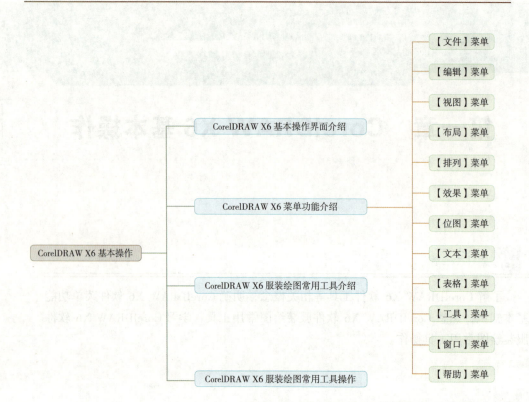

第一节
CorelDRAW X6 基本操作界面介绍

在桌面上单击【开始】按钮，执行【程序/CorelDRAW X6】命令，或者直接双击桌面 CorelDRAW X6 图标，即可打开 CorelDRAW X6 的应用程序。经过以前各个版本的不断优化与升级，CorelDRAW X6 的绘图工具与操作环境规划得比较整洁有序，操作界面与大多数 Windows 操作系统相似，操作者在很短的时间内就可以熟悉它的菜单栏、工具栏和面板。值得一提的是，CorelDRAW X6 支持多核处理与 64 位系统，软件速度全面提升，能够快速处理大型文件和图像。此外，即使计算机系统在同时运行多个应用程序时，软件的响应速度也很快，在 Windows 7 中运行的 CorelDRAW X6 操作界面如图 1-1 所示。

 1. 标题栏

标题栏位于整个窗口的顶部，左侧显示当前打开绘图文件的标题（显示应用程序的名称和当前文件的名称），右侧用于控制文件窗口的大小。

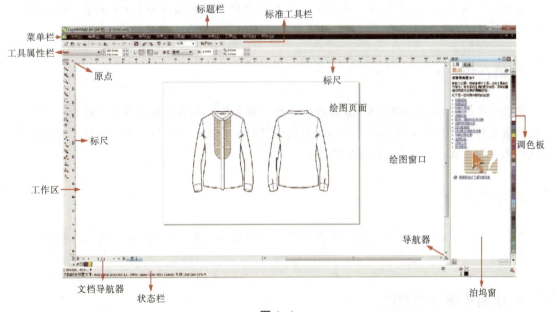

图 1-1

 2. 菜单栏

菜单栏包括（下拉菜单选项的区域）文件、编辑、视图、布局、排列、效果、位图、文本、表格、工具、窗口、帮助 12 个菜单。

CorelDRAW X6 基本操作

3. 标准工具栏

为了方便广大软件使用者操作，CorelDRAW X6将一些经常使用到的命令单独列出，组成标准工具栏，从左到右依次为新建、打开、保存、打印、剪切、复制、粘贴、撤销、重用、导入（位图）、导出（保存矢量图为位图格式）、CorelDRAW X6其他程序的启动、欢迎窗口、页面的显示比例、贴齐选项。

4. 工具属性栏

工具属性栏根据在工具箱中选择的工具显示相应的操作属性或者修改所选中物体在所选的工具中的属性。

5. 工具箱

工具箱位于工作界面的左侧，其中放置了经常使用的工具，并且将功能相似的工具归纳在一起，操作起来非常方便。

6. 泊坞窗

CorelDRAW X6中包含了多种泊坞窗，是其一大特色。泊坞窗与Photoshop、Illustrator等的浮动面板功能相似，是包含于特定工具或任务相关的可用命令和设置的窗口。

7. 调色板

在默认状态下，CorelDRAW X6显示的是标准调色板，在调色板上单击可以为一个已选定的对象填充颜色（但是要保证该对象必须是闭合路径），右击可以为一个已选中的对象填充轮廓线颜色（默认状态下线条轮廓线为黑色）。

8. 状态栏

当在工作区中选中一个对象时，状态栏中将显示它的位置、大小、填充情况、轮廓线粗细等状态信息。

9. 绘图页面和工作区

绘图页面就是在绘图时建立的图纸区，与其他软件不同的是，CorelDRAW X6允许操作者在图纸以外进行绘图或其他操作。图纸以外的对象（区域）被保存时可以一起被保存，但打印时图纸以外对象（区域）不会被打印，所以工作区就相当于一个文件夹临时存放区，绘图页面相当于效果图的正稿。

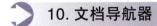

10. 文档导航器

文档导航器为应用程序窗口左下方的区域，包含用于页面间移动和添加页面的控件。

11. 导航器

导航器为应用程序窗口右下角的按钮，单击可打开一个较小的显示窗口，帮助操作者在绘图上进行移动操作。

12. 标尺

标尺用于确定绘图中对象大小及位置的水平和垂直边框。

13. 原点

在标尺的横向和纵向左上交会处，可以设置工作区的原点（在默认情况下，坐标原点位于绘图页面的左下角，实际运用时很不方便，将光标放在原点上合适的位置后释放即可得到新的原点位置）。

第二节
CorelDRAW X6 菜单功能介绍

CorelDRAW X6 菜单栏共有 12 项可以展开的下拉菜单，且后面有"▶"者表明后面还有子菜单，后面有"…"表示单击它可以打开一个对话框。菜单后面的英文字母是该命令的快捷键，如按 Ctrl+O 快捷键可开扩展名为 .cdr 的文件，下面对菜单的功能做简单介绍（图 1-2）。

文件(F) 编辑(E) 视图(V) 布局(L) 排列(A) 效果(C) 位图(B) 文本(X) 表格(T) 工具(O) 窗口(W) 帮助(H)

图 1-2

一、【文件】菜单

【文件】菜单（图1-3）包括26个命令和一个文档属性，涵盖了 CorelDRAW X6 中常用的打开、保存、导入、导出、打印等功能的操作。它的大部分命令与许多软件中的【文件】菜单的功能是相同的。

1.【新建】命令

单击该命令，可以打开【创建新文档】对话框（图 1-4），默认文档大小为 A4（可在下拉列表中选择相应的图纸大小），绘图的单位为 mm，快捷键为 Ctrl+N；可根据需要设置页码数、原色模式（一般选择 CMYK，用于输出打印）、渲染分辨率等，文档名称可自行命名。

2.【从模板新建】命令

单击该命令，可以打开【从模板新建】对话框（图 1-5），CorelDRAW X6 为我们提供了许多可供使用的模板图形，可以从中选择合适的模板新建一个文件。

图 1-3

第二节 CorelDRAW X6 菜单功能介绍

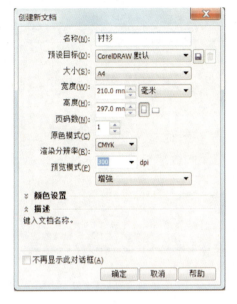

图1-4

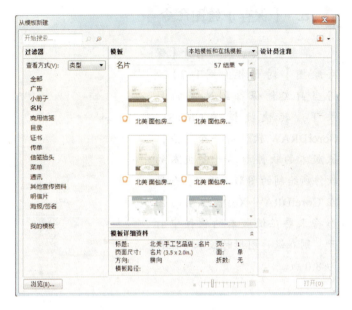

图1-5

3.【打开】绘图命令

单击该命令，可以打开【打开绘图】对话框（图1-6），我们可以从中打开已经存在的文件，对该文件进行修改，其快捷键是 Ctrl+O。

图1-6

4.【关闭】命令

单击该命令，可以关闭当前已打开的文件。

第一章
CorelDRAW X6 基本操作

5. 【保存】绘图命令

单击该命令，可以打开【保存绘图】对话框（图1-7），将当前文件保存到选定的目录下，其快捷键为 Ctrl+S。CorelDRAW 软件有一个特点，低版本的软件打不开高版本的软件所绘制的图形，所以，如果在 CorelDRAW X6 中绘制的图形将来要在低版本的软件中打开，则在保存图形时版本要保存为 8.0 版。

图 1-7

6. 【另存为】命令

在 CorelDRAW X6 中打开上一次保存的文件进行编辑后，如果直接进行保存，则会覆盖上一次保存的文件，当还不能确定修改是否符合最终要求时，可以使用【另存为】命令（单击该命令，可以打开【另存为】对话框），将当前文件保存为其他名称，或保存在其他目录下，其快捷键为 Ctrl+Shift+S。

7. 【导入】命令

由于 CorelDRAW X6 是矢量图形绘制软件，因此使用的是扩展名为 .cdr 的文件，如果需要进行位图编辑，可使用【导入】命令（单击该命令，打开【导入】对话框，选择某个已有的 .jpeg 或者其他格式的图片文件），将其导入当前文件中。此外，可在【导入】对话框中对文件进行裁剪，以获得所需的新文件尺寸（图1-8）。

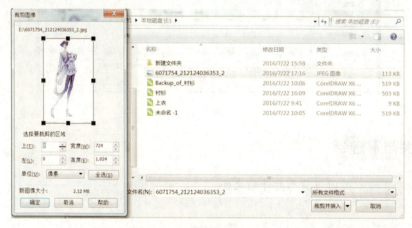

图 1-8

8

第二节 CorelDRAW X6 菜单功能介绍

8.【导出】命令

在其他软件中无法直接打开CorelDRAW X6所绘制的.cdr格式的图形，所以，当需要在其他软件里打开和编辑CorelDRAW X6所绘制的图形时，就必须使用【导出】命令（单击该命令，可以打开【导出】对话框），将当前文件的全部或选中的部分图形，导出为.jpeg或者其他格式的图片文件，并保存在其他目录下。例如，将CorelDRAW X6中的图形输出到Photoshop中的"EPS"法，其快捷键是Ctrl+E。

9.【打印】命令

当我们完成一幅设计作品时，会根据实际情况打印为文稿。需要强调的是，在CorelDRAW X6中，只有放在绘图区的对象可以被打印，放在工作区的对象是不能被打印的。单击该命令，打开【打印】对话框，即可将当前文件打印，其快捷键为Ctrl+P。

10.【打印预览】命令

单击该命令，可以打开【打印预览】对话框，设置打印的文件，以便能够正确地打印。

11.【打印设置】命令

单击该命令，可以打开【打印设置】对话框，帮助进行打印属性的设置，包括图形大小、图纸方向、打印位置、分辨率等。

12.【退出】命令

单击该命令，可以退出CorelDRAW X6应用程序。

二、【编辑】菜单

CorelDRAW X6 中的【编辑】菜单（图1-9）不仅提供了像其他软件所共有的功能，如撤销删除、重做、剪切、复制、粘贴等功能，还提供了CorelDRAW X6中所特有的再制、克隆、插入条码、查找并替换等功能。

1.【撤销删除】命令

【撤销删除】命令可以恢复此前做过的一步操作，连续单击也可以撤销前面若干步操作，以便对错误的操作进行纠正，其快捷键是Ctrl+Z。

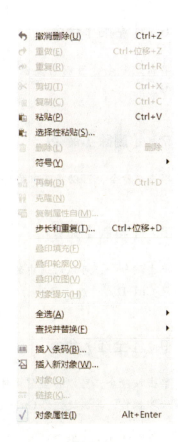

图1-9

2.【重做】命令

【重做】命令可以恢复此前撤销的一步操作内容，连续单击也可以恢复若干步操作，其快捷键是 Shift+Ctrl+Z。

3.【重复】命令

单击该命令，可以对选中的某个对象重复此前的操作，其快捷键是 Ctrl+R。

4.【剪切】命令

单击该命令，可以将选中的对象从当前文件中剪切，并存放在剪贴板上，其快捷键是 Ctrl+X。

5.【复制】命令

单击该命令，可以复制当前文件中选中的对象，并存放在剪贴板上，其快捷键是 Ctrl+C。

6.【粘贴】命令

单击该命令，可以将复制或剪切存放在剪贴板上的对象贴入当前文件中，其快捷键是 Ctrl+V。

7.【删除】命令

单击该命令，可以将选中的对象从当前文件中删除，其快捷键是 Delete。

8.【再制】命令

单击该命令，可以对选中的对象进行一次再制，多次单击可以多次复制相同的对象，其快捷键是 Ctrl+D。

9.【全选】命令

单击该命令，可以将当前文件中的所有对象、文本、辅助线、节点全部选中，以便同时进行下一步操作，其快捷键为 Ctrl+A。双击【挑选】工具也可以进行全选。

10. 【对象属性】命令

单击该命令，可以打开属性对话框，通过该对话框可以对选中的对象进行填充、轮廓等项目的操作。

三、【视图】菜单

【视图】菜单（图1-10）包括7种特有的屏幕显示模式及部分作图辅助工具（如标尺、辅助线、网格等）命令，通过这些工具，我们可以对画面随意地放大和缩小，并且可以利用这些辅助工具精确地绘制出想要的图形。

1.【线框】命令

单击该命令，命令前方显示小圆球，表示当前处于【线框】命令，对象将以线框的样式显示，填充属性将不再出现，执行【视图/正常】命令，对象恢复原来样式。

2.【像素】命令

单击该命令，命令前方显示小圆球，对象将以位图像素点的形式显示，放大图形后可以看到方块状的像素点。

3.【全屏预览】命令

单击该命令，菜单栏及其他工具栏都将消失，工作区将以全屏形式显示，其快捷键为F9，按Esc键屏幕恢复成原来样式。

4.【标尺】命令

在CorelDRAW X6中绘制图形时，有时为了确定位置、大小及对齐等需要用到标尺，执行【视图/标尺】命令，命令前面以"√"形式体现，表示标尺处于选中状态，界面上出现横向标尺、竖向标尺及原点设置按钮，如不需要可再次单击该命令，标尺则会取消。

5.【辅助线】命令

单击该命令，辅助线前面以"√"形式显示，界面工作区会显示虚线网格，便于绘图时的定位操作，其密度及网格大小都可以调节，再次单击，界面网格线消失。

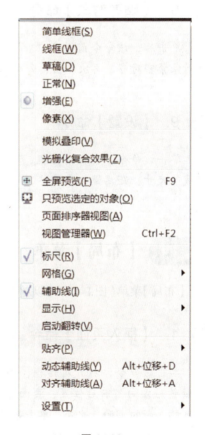

图1-10

6.【贴齐网格】命令

单击后,该命令前显示"√"。当移动对象时,该对象会自动对齐网格线,便于在操作当中对齐多个图形对象,再次单击,命令取消,功能不再起作用。

7.【贴齐辅助线】命令

单击后,该命令前显示"√"。当移动对象时,该对象会自动对齐辅助线,再次单击,命令取消,功能不再起作用。

8.【贴齐对象】命令

单击后,该命令前显示"√"。当移动对象时,该对象会自动对齐另一个对象,便于将多个对象紧密对齐,再次单击,命令取消,功能不再起作用。

9.【设置】命令

单击该命令,打开对话框,可对网格、辅助线及标尺等属性进行设置,对网格、标尺及辅助线等尺寸、距离做相应调整。

四、【布局】菜单

【布局】菜单(图1-11)可以对大小、方向、名称及插入或删除页面进行操作,以满足不同的需求。

1.【插入页面】命令

单击该命令,打开对话框,通过对话框可对插入页的数量、方向、前后位置、页面规格等进行设置,确定后可插入新的页面。此外,单击导航器上的【插入页面】按钮,或者在页面下方按钮上右击,在弹出的快捷菜单中也可以插入页面。

2.【切换页面方向】命令

单击该命令,可在横向页面与竖向页面间进行切换。

图1-11

3.【页面设置】命令

单击该命令，打开对话框，可对当前页面的规格大小、方向、版面等项目进行设置。

4.【页面背景】命令

单击该命令，打开对话框，可对当前页面进行无背景、各种底色背景、位图背景等进行设置。

五、【排列】菜单

在 CorelDRAW X6 中，【排列】菜单（图 1-12）的主要功能包括对齐和分布、顺序、群组、锁定对象、造形（合并、修建、相交、简化等）、转换为曲线，以及闭合、开放路径等。在绘制服装款式以及效果图时，【顺序】功能使用频率非常高，可用于调整部件间的前后顺序。

图 1-12

1.【变换】命令

单击该命令，展开一个二级菜单，里面包括位置、旋转、缩放镜像、大小、倾斜五项命令，单击某项命令可以打开一个泊坞窗，在泊坞窗中可对选中对象进行相应的编辑。

2.【清除变换】命令

单击该命令，可以清除对象的变换，还原到最初的状态。

3.【对齐和分布】命令

单击该命令，展开一个二级菜单，里面包括各种对齐与分布命令，可以将选中的一个或一组对象进行相应的对齐操作。

4.【顺序】命令

单击该命令，展开一个二级菜单，可以将选中的对象进行相应的顺序调整，也可借助快捷键操作。

5.【群组】命令

选中多个对象，执行【群组】命令，可以将多个对象组合为一个整体，其快捷键为 Ctrl+G。

第一章
CorelDRAW X6 基本操作

6.【取消群组】命令

单击该命令,可以将组合为一个整体的对象分解为单个对象,其快捷键是 Ctrl+U。

7.【结合】命令

单击该命令,可以将两个或两个以上对象结合为一个对象,且该对象已转化为曲线,可对其任意编辑。

8.【打散】命令

单击该命令,可以将结合形成的对象分离成多个对象,其快捷键 Ctrl+K。

9.【锁定对象】命令

为了防止对象无意间移动、填充、调整、更改对象等,可以将不需要调整的对象锁定,方便对其他对象进行编辑。要对锁定对象编辑,必须先解锁,可以一次解锁一个锁定对象,也可一次解锁所有锁定对象,如【解除锁定对象】、【解除锁定全部对象】。

10.【造形】命令

单击该命令,展开一个二级菜单,通过里面的命令,可以对选中对象进行相应的操作。

11.【转换为曲线】命令

单击该命令,可以将【矩形】工具、【椭圆】工具、【文本】工具等绘制的图形或文本转换为曲线图形,方便利用【形状】工具对其编辑。

六、【效果】菜单

【效果】菜单(图 1-13)不仅提供了调整对象色彩,变换、调和对象及封套的功能,而且提供了图框精确裁剪、复制效果、克隆效果等功能。

1.【调整】命令

单击该命令,展开一个二级菜单,在 CorelDRAW X6 中,当对象为矢量图时,调整菜单中只显示亮度/对比度、强度、颜色平衡、伽马值、色度/饱和度/亮度等操作,当矢量图转化为位图时,其他命令变为高亮显示,表示可对其操作。

2. 【变换】命令

单击该命令，展开一个二级菜单，当对象为矢量图时，变换菜单中只显示反显、极色化；当矢量图转化为位图时，其他命令变为高亮显示，表示可对其操作。

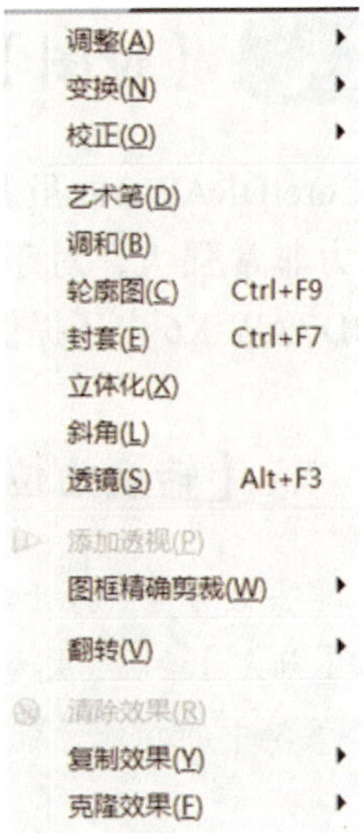

3. 【调和】命令

单击该命令，打开对话框，调和是矢量图中的一个非常重要的功能，使用调和工具可以使两个分离的矢量图形对象之间产生形状、颜色、轮廓及尺寸上的平滑变化。

图1-13

4. 【轮廓图】命令

单击该命令，打开对话框，可以通过该对话框为一个或一组对象添加轮廓，可以选择不同的方向以及控制轮廓的距离与数量。添加轮廓图效果时，可以设置不同的轮廓颜色和填充颜色。应用这些颜色时，会产生轮廓渐变效果，从而使轮廓图颜色更加丰富。

5. 【透镜】命令

单击该命令，面板在右侧泊坞窗显示，泊坞窗找到透镜选项单击即可，透镜里面有很多类型。用户选择一个类型，然后应用，即可产生透镜效果。

6. 【立体化】命令

单击该命令，打开对话框，可通过该对话框为对象添加立体效果，所添加的立体化效果是利用三维空间的立体旋转和光源照射的功能，为对象添加产生明暗变化的阴影，从而制作出逼真的三维立体效果。

7. 【图框精确裁剪】命令

CorelDRAW X6中允许在矢量对象的轮廓内放置矢量对象和位图对象，容器可以是任何对象，如平面款式图或者美术字。将对象放置在比对象大的容器中，对象会被裁剪以适合容器大小，但对裁剪的对象不满意时，可以对对象或者容器进行编辑。此外，还可以对放置的对象进行提取，此命令在绘制服装款式图或者效果图时使用频繁，方便制作效果图或款式图案或面料效果。

七、【位图】菜单

CorelDRAW X6 虽是不点阵图像的处理软件，但【位图】菜单（图 1-14）中对位图的处理能力非常强大，对于服装设计来说，完全可以满足图片的处理与款式图的绘制工作，并且 CorelDRAW X6 中还提供了相当精彩的点阵图处理套件。

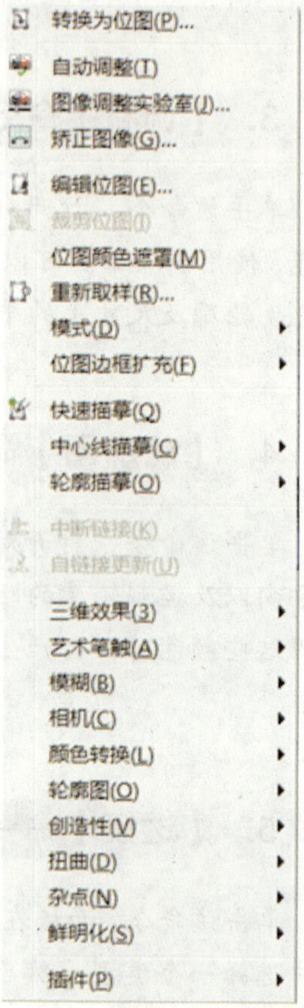

1.【转换为位图】命令

单击该命令，打开对话框，可设置位图的颜色模式、分辨率等，单击【确定】按钮，矢量图可转化为位图。只有在位图格式下，【位图】菜单中的功能才能起作用。

2.【描摹位图】命令

描摹位图有三种模式：快速描摹、中心线描摹、轮廓描摹，单击【中心线描摹】与【轮廓描摹】命令可展开子菜单，选择相应的命令可将位图转化为矢量图。

3.【模式】命令

单击此项命令，展开【模式】子菜单，包括黑白、灰度、双色、调色板、RGB 颜色、Lab 颜色及 CMYK 颜色模式，可对位图进行不同模式的颜色设置。

4. 滤镜

图 1-14

CorelDRAW X6 中有十大类位图处理滤镜，每种滤镜下均有多种细分的滤镜效果，方便了用户对位图图像设置精彩的滤镜效果。

八、【文本】菜单

通过使用【文本】菜单（图 1-15），用户可以创建编辑任何形式的美术字文本与段落文本，在 CorelDRAW X6 中，可以在文档中轻松输入文本，并可以将文本设计成图案运用到设计当中。

1.【文本属性】命令

【文本属性】命令提供了对字符与段落的设置，包括字符的大小、字体、颜色、间距等，以及段落的段前段后间距、垂直间距等，方便用户对文本文档进行设置，如图 1-16 所示。

第二节 CorelDRAW X6 菜单功能介绍

2.【使文本适合路径】命令

单击该命令，可以将一组或一个文本字符按目标路径排列。

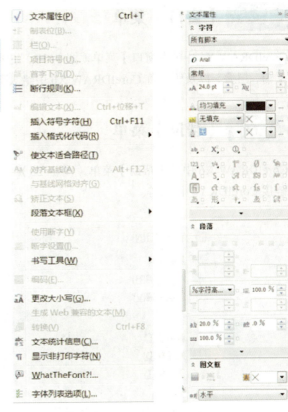

九、【表格】菜单

【表格】（图1-17）菜单的主要功能是创建编辑表格，使用方法非常简单，同常用的办公软件 Excel 表格基本一致，这里不做详细介绍。

图 1-15　　　　　图 1-16

十、【工具】菜单

【工具】菜单（图1-18）对 CorelDRAW X6 所有工具进行管理和设置，其中包括选项、颜色管理、对象管理器、视图管理器、颜色样式等。

 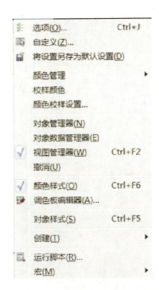

图 1-17　　　　　图 1-18

17

十一、【窗口】菜单

CorelDRAW X6 中的【窗口】菜单（图 1-19）主要功能是提供窗口的显示方法，如水平平铺、垂直平铺、层叠，以及管理着 CorelDRAW X6 中绝大部分泊坞窗、工具栏、调色板的显示与隐藏。

十二、【帮助】菜单

CorelDRAW X6 中的【帮助】菜单（图 1-20）主要提供了一些 CorelDRAW X6 的新功能、帮助及链接 CorelDRAW 网站等。

图 1-19

图 1-20

第三节
CorelDRAW X6 服装绘图常用工具介绍

工具箱是经常使用的编辑、绘图工具，其将近似的工具组合在一起，如图 1-21 所示。

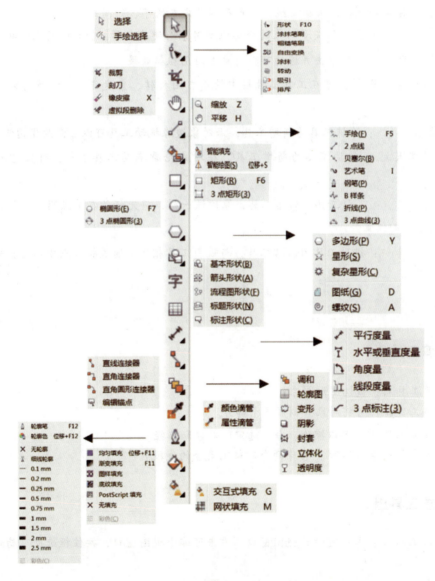

图 1-21

CorelDRAW X6 基本操作

1. 选择工具组

　　选择工具用来选择对象，可以点选，也可以通过拖动出一个选择框来选择多个对象。对于点选，在按住鼠标左键的同时按 Shift 键，可选择 / 去选多个对象。对于拖动选择框，通常情况下，只有选择完全包围了目标对象或目标对象群时才能完成选择。如果按住 Alt 键，可以使选择框接触到的对象都被选中；对象群组时，按住 Ctrl+ 键，单击，可以点选组中的某个对象。

2. 形状工具组

（1）形状工具：选择、编辑曲线、节点及调整文本的字、行间距。
（2）涂抹笔刷工具：沿矢量对象的轮廓拖动对象而使其变形，但只能用于曲线对象。
（3）粗糙笔刷工具：单击并拖动可在对象上应用粗糙效果。
（4）自由变换工具：可在工具属性栏中使用自由旋转、角度旋转、缩放与倾斜来变换对象。
（5）涂抹工具：涂抹工具为新增工具，沿对象边缘拖动工具可以任意改变边缘形状。
（6）转动工具：转动工具为新增工具，在对象轮廓拖动工具不放，可任意添加转动效果。
（7）吸引工具：吸引工具为新增工具，像磁铁一样，将光标放在节点附近，拖动光标可将节点吸引到想要的位置。
（8）排斥工具：排斥工具为新增工具，与吸引工具相反，通过将节点推离光标处来改变形状。

3. 裁剪工具组

（1）裁剪工具：裁切图形图像。
（2）刻刀工具：可将对象分割成多个部分。
（3）橡皮擦工具：可以擦除、分割选定的对象和路径。
（4）虚拟线段删除工具：移除两个对象上重叠的线段。

4. 缩放工具组

（1）缩放工具：单击可放大视图窗口，右击可缩小视图窗口，按住框选也可局部放大或缩小。
（2）平移工具：与 Photoshop 的空格键一样，快捷键为 H，通过平移来查看绘图区域。此外，用 Alt+ 方向键也可移动视图。

5. 线条工具组

（1）手绘工具：徒手绘制单个线段或曲线，如果配合压感笔使用更为方便。
（2）2点线工具：拖动绘制一条直线。
（3）贝塞尔工具：通过调节曲线、节点的位置、方向及切线来绘制精确光滑的曲线。
（4）艺术笔：各种图案、笔触可以根据曲线的变化而改变的工具，线条粗细支持压感。
（5）钢笔工具：通过定位节点或调整节点的手柄来绘制折线与弧线。
（6）B线条工具：通过描绘曲线的控制点来绘制曲线。
（7）折线工具：单击直接绘制折线或直线。
（8）3点曲线工具：通过定位起始点、结束点和中线点来绘制曲线。

6. 基本形状工具组

（1）智能绘图工具：智能绘图工具能自动识别许多形状，包括圆形、箭头、矩形、菱形、梯形等，拖动鼠标，将手绘笔触转换为基本形状和平滑曲线。
（2）矩形工具：拖动工具可绘制正方形和矩形。
（3）3点矩形工具：绘制起点和终点，拖动鼠标绘制出矩形。
（4）椭圆形工具：拖动工具绘制圆形和椭圆形。
（5）3点椭圆形工具：绘制起点和终点，拖动鼠标绘制出椭圆形。
（6）多边形工具：绘制多边形。
（7）星形工具：绘制规则的星形。
（8）复杂星形工具：绘制带有交叉边的星形。
（9）图纸工具：绘制网格。
（10）螺纹工具：绘制对称式或对数式的螺旋线。

7. 交互式调和工具组

（1）调和工具：可以使两个对象在形状与颜色之间产生过渡。
（2）轮廓图工具：向内、向外创建出对象的多条轮廓线。
（3）变形工具：对对象应用推拉变形、拉链变形或扭曲变形。
（4）阴影工具：产生各种类型的阴影效果。
（5）封套工具：拖动封套上的节点使对象变形。
（6）立体化工具：制作三维立体效果。
（7）透明工具：改变对象颜色的透明度。

8. 滴管工具组

（1）颜色滴管工具：可以在绘图窗口中吸取任意对象的颜色。
（2）属性滴管工具：用此工具单击对象，可在属性栏中选择需要复制的属性，包括轮廓、文本、填充，选择后单击【确定】按钮可将所选属性复制到另一对象中。

CorelDRAW X6 基本操作

9. 轮廓工具组

（1）轮廓笔工具：设置轮廓的粗细、颜色和样式。
（2）轮廓色工具：快速进入轮廓画笔对话框。
（3）无轮廓工具：可以使图像边框无颜色。
（4）细线轮廓工具：细线是概念性的而不是实际宽度。
（5）在轮廓工具组中可设置轮廓线的不同宽度值。

10. 填充工具组

（1）均匀填充工具：给图形图像直接上单色。
（2）渐变填充工具：给图形图像填充渐变色。
（3）图样填充工具：用现成的图案或者自己设定的图案填充图形对象。
（4）底纹填充工具：给图形对象填充软件自带的模仿自然界物体或其他的纹理效果。
（5）PostScript填充工具：一种特殊的图案填充方式，选中对象，单击此工具，打开对话框，选择相应的图案填充，此填充的图案是矢量图而不是位图。
（6）无填充工具：选中对象，单击此工具，对象的填充图案消失。
（7）颜色泊坞窗：选中图像，单击颜色泊坞窗可对对象进行颜色填充或者轮廓色设定。

11. 交互式填充工具组

（1）交互式填充工具：选中对象，选择属性栏中的不同填充选项可对图形对象实现各种填充。
（2）网状填充工具：在对象创建需要的网格样式，可以在网格中的每个空格中填充颜色，每个网格之间的颜色呈现柔和渐变的颜色。

第四节
CorelDRAW X6 服装绘图常用工具操作

一、线条工具

1. 手绘工具

方式一：绘制曲线

（1）绘制敞开路径。选择手绘工具，在绘图页面中，当光标变成 ╬ 图标后，在绘图页面中单击并拖动鼠标，绘制出线条（图1-22）。

（2）绘制闭合路径。一直按住鼠标左键不放，绘制路径，当光标靠近路径起点时会变成 ╬ 图标，提示用户将封闭路径，释放鼠标，路径将自动封闭。

（3）将鼠标指针放置在路径的任意一个端点上，光标都会变成 ╬ 图标，这时再绘制线条到路径的另一个端点，即可封闭图形（图1-23）。

（4）用手绘工具绘制路径后，单击属性中的【自动封闭路径】按钮 ，封闭路径。

（5）擦出路径。在绘制路径的过程中，在按住鼠标左键的同时按住 Shift 键，然后沿要擦除的路径向后拖动鼠标即可擦除不符合要求的路径。擦除完毕后只释放 Shift 键而不松开鼠标，可以沿该路径继续绘制。

图1-22   图1-23

> **提示：**
> 闭合状态下曲线才会显示出填充色，而敞开的路径在画面中不会显示填充色。

方式二：绘制直线

（1）使用手绘工具，在绘图页面中单击确定起始点位置，然后拖动鼠标指针到其他位置，拖动鼠标指针的距离决定了直线的长短，再次单击确定终点，绘制出直线对象。

第一章
CorelDRAW X6 基本操作

（2）当使用手绘工具绘制直线时，确定直线起点后按住 Ctrl 键拖动鼠标，可强制直线以每次 15°增量变化。

（3）在使用手绘工具绘制路径的过程中，若需绘制直线与曲线相连的路径，可以在绘制曲线的尾部端点快速双击，即可连续绘制直线。

2. 贝塞尔工具

（1）贝塞尔工具是服装设计常用工具，可以绘制连续的直线、斜线、曲线和复杂的路径（图 1-24），按住 Shift 键绘制水平、垂直或呈 45°的线段。

（2）在绘图页面任意位置中单击确定路径的起始点，鼠标指针移至第二个点再单击，移至第三个点再单击，反复操作可以绘制连续的直线。

（3）在绘图页面任意位置中单击确定路径的起始点，鼠标指针移至第二个点不松开并拖动鼠标，在拖动的同时可看到节点的两侧控制柄，控制点与节点之间的距离决定了绘制线段的高度和深度，控制点的角度则控制曲线的斜率，通过依次单击可以绘制出任意的曲线（图 1-25）。

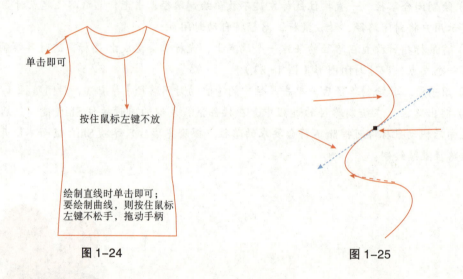

图 1-24　　　　　　　　　　　图 1-25

3. 艺术笔工具

艺术笔工具可以产生独特的艺术效果，其提供了五种绘图模式，分别为预设、笔刷、喷灌、书法和压力模式（图 1-26）。

图 1-26

方式一：预设模式

（1）选中对象。

（2）单击属性栏中的【预设】按钮，在笔触列表框中选择预设线条的形状。

（3）在手绘平滑数值框中设定曲线的平滑度为100，在艺术笔工具宽度框中输入宽度数值3.5mm（图1-27）。

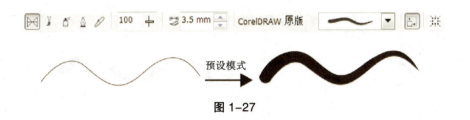

图1-27

方式二：笔刷模式

（1）选中对象。

（2）单击属性栏中的【笔刷】按钮，在笔触列表框中选择笔触的形状。

（3）在手绘平滑数值框中设定曲线的平滑度为100，在艺术笔工具宽度框中输入宽度数值5.5mm（图1-28）。

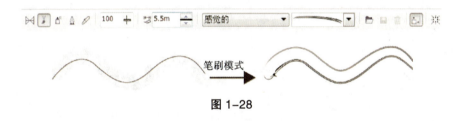

图1-28

方式三：喷灌模式

（1）选中对象。

（2）单击属性栏中的【喷灌】按钮，在喷涂列表框中选择喷涂的形状。

（3）在属性栏中设定喷涂对象大小为68，选择笔刷笔触并选择喷涂样式，将每个色块中的图像数量与图像间距设定为1、8.4mm，设定选择喷涂顺序为随机（图1-29）。

图1-29

方式四：书法模式

（1）选中对象。

（2）单击属性栏中的【书法】按钮。

（3）在手绘平滑数值框中设定曲线的平滑度为100，在手绘宽度框中输入3.5mm，在书法角度框中输入5.0（图1-30）。

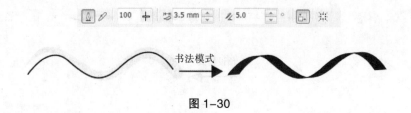

图1-30

方式五：压力模式

（1）选中对象。

（2）单击属性栏中的【压力】按钮。

（3）在手绘平滑数值框中设定曲线的平滑度为100，在笔触宽度框中输入4.5mm（图1-31）。

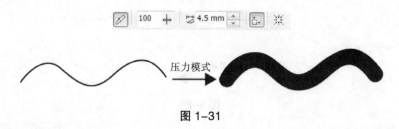

图1-31

4. 钢笔工具

钢笔工具与贝塞尔工具相似，可以绘制连续的直线、斜线、曲线和复杂图形的路径（图1-32）。

图1-32

（1）按住Shift键，拖动鼠标绘制水平、垂直或45°的线段。

（2）属性栏中提供了【预览模式】和【自动添加/删除】按钮，通过单击可将两个按钮设置为启用状态。在绘制曲线的同时，拖动鼠标即可预览将要绘制曲线的效果；还可以在绘制曲线的同时，为其添加或删除节点。

（3）在绘图页面任意位置中单击确定路径的起始点，拖动鼠标至第二个点不松开，在拖动鼠标的同时可看到节点的两侧控制柄，可以绘制任意曲线。

（4）在绘图页面任意位置中单击确定路径的起始点，拖动鼠标至第二个点再单击，至第三个点再单击，反复操作可以绘制连续的直线。

（5）在结束点上双击或按下Enter键，结束钢笔工具操作。

5. 折线工具

（1）按住Shift键，拖动鼠标绘制水平、垂直或45°的线段。

（2）在绘图页面任意位置中单击确定路径的起始点，拖动鼠标至第二个点再单击，至第三个点再单击，反复操作可以绘制连续的折线。

（3）在绘图页面中拖动鼠标，可以绘制任意曲线[类似手绘工具]。

（4）在结束点上双击或按Enter键，结束折线工具操作。

6. 3点曲线工具

（1）选择3点曲线工具。

（2）在页面中任意位置按住鼠标左键不放并拖动，拉出一条直线，在目标点释放鼠标左键，从而确定曲线出发点到结束点之间的距离。

（3）松开鼠标左键后，随鼠标指针的移动弧线会显示不同的弧度，在需要的位置单击，即可得到一条敞开的非闭合的弧线。

7. 线条轮廓的设置

轮廓笔工具可对线条颜色、粗细、箭头、虚实线进行设定和修改。

（1）选中对象。

（2）单击工具箱中的【轮廓】按钮，展开轮廓笔子菜单，单击第一个轮廓笔，打开【轮廓笔】对话框，快捷键为F12（图1-33）。

（3）在该对话框中，可对轮廓的颜色、宽度、样式等进行设置。选中【随对象缩放】复选框后，当对象放大或缩小时，将会保持显示的比例。

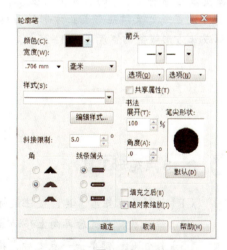

图 1-33

二、基本形状工具

1. 智能绘图工具

（1）选择智能绘图工具，此时鼠标指针变成笔形光标。

（2）随意绘制一个图形，该图形即被识别成与之相近的几何图形，在属性栏中可对形状识别等级及智能平滑等级进行设定（图1-34）。

（3）双击工具箱中的智能绘图工具按钮，在打开的对话框中可对绘图协助延迟时间进行设置。

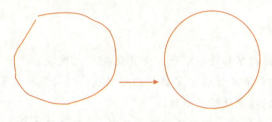

图1-34

2. 矩形工具

（1）选择矩形工具，在页面上拖动鼠动指针，得到一个矩形，其快捷键为F6。

（2）按住Shift键，拖动鼠标，图形将会以起始点为中心绘制；按住Ctrl键，拖动鼠标，可绘制正方形；按住Shift+Ctrl键，可绘制从中央往外的正方形。

（3）在属性栏中输入目标数值，可以绘制精确的正方形和矩形。在属性栏数值框中输入数值并单击 可实现四个角同时变化，可设置圆角矩形，按Enter键结束。再单击，其将变为 ，此时可对任意一个角编辑，

（4）在 框中可设置或更改矩形或正方形中心点的位置，在 中可设置或更改矩形或正方形的长宽值，在 中可设置或更改矩形或正方形的长宽比例值，在 中可设置或更改该矩形或正方形的旋转角度值，在 下拉列表框中，可设置或更改矩形或正方形线条的宽度（图1-35）。

图1-35

3. 3点矩形工具

（1）选择3点矩形工具，按住鼠标左键，先拖出一个框。

（2）释放鼠标左键后再向上移动鼠标指针，拖出一个高。再次单击，矩形绘制完毕。

（3）按住Ctrl键单击一点之后，拖动到另一点，松开鼠标左键单击，绘制正方形。

4. 椭圆工具

（1）选择椭圆工具，拖动鼠标即得到一个椭圆。按住 Ctrl 键，拖动鼠标可绘制正圆；按住 Shift+Ctrl 键，可绘制从中央往外的正圆，其快捷键为 F7。

（2）在属性栏中切换不同的按钮，可绘制圆形、饼形或圆弧。在 中设置饼形或圆弧的起止角度，可以得到不同的饼形或圆弧。

5. 3 点椭圆工具

绘制方法同 3 点矩形工具。

6. 多边形工具

（1）选择多边形工具，在属性栏中边数框 中输入不小于 3 的数值，在页面中绘制多边形。

（2）按住 Ctrl 键可绘制正多边形；按住快捷键 Ctrl+Shift，可绘制从中央往外的正多边形。

7. 星形工具

绘制方法同多边形工具。

8. 星形工具

绘制方法同多边形工具。

9. 图纸工具

（1）选择图纸工具。

（2）在属性工具栏中的图纸行和列数值框 中输入数值，在页面中绘制图纸，右击执行【取消群组】命令，图纸被打散。

10. 螺纹工具

（1）利用螺纹工具可以绘制两种螺旋线：对称螺旋线与对数螺旋线。单击【对称螺旋线】，在属性栏中设置螺纹回圈数值 ，在页面中绘制螺纹线。按住 Ctrl 键可绘制正螺纹；按住快捷键 Ctrl+Shift，可绘制从中央往外的正螺纹线。

第一章

CorelDRAW X6 基本操作

（2）单击【对数螺纹线】按钮，在 数值框中设置螺旋扩张的速度值。螺旋的扩张速度越大，相同半径内的螺旋圈数就会越少。

（3）对称螺纹线是对数螺纹线的一种特殊形式，当对数螺纹线的扩张速度为1时，就变成了对称螺纹线。

三、改变造型

1. 转换曲线

说明：转换曲线只对基本形状而言，如矩形、圆形和多边形，利用手绘工具、钢笔工具及贝塞尔工具等绘制的图形，本身即为曲线，不需要转换。

（1）选择矩形工具，绘制一个矩形，选择工具箱中的形状工具，此时矩形四个角被选中，拖动其中一个角点，其他三个角点也随着变化，使原来的矩形变成椭圆形或者圆形（图1-36）。

（2）当单击其中一个角时，仅此角被选中，此时拖动该角会发生变化，其他角则保持不变（图1-37）。

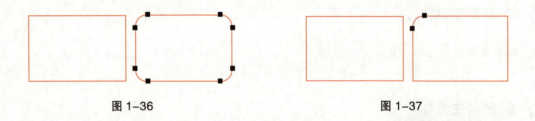

图1-36　　　　　　　　　　　　图1-37

（3）将基本形状转化为曲线。首先选中对象，执行【排列/转化为曲线】命令，或右击执行【转化为曲线】命令，或单击属性工具栏中的【转化为曲线】按钮，只有对基本形状执行【转化为曲线】命令后，才可对其执行任意变形处理（图1-38）。

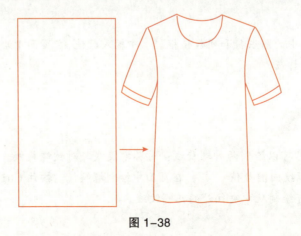

图1-38

2. 选择节点

（1）选择一个节点。选中对象，选择形状工具，单击目标节点，则节点被选中并可以被编辑。

（2）按住 Shift 键，逐一单击节点，可以选中多个节点，也可以逐一取消节点的选择。执行【编辑/全选】命令，选择全部节点。

（3）单击空白处，取消节点选择。

3. 添加、删除节点

（1）选择形状工具，双击需要添加节点的线段，则添加一个节点。再次双击，则可以删除节点。

（2）也可以选中节点后，右击执行【添加和删除】命令。

4. 连接节点

（1）选择形状工具，框选两个分开的节点，单击属性栏中的【连接两个节点】按钮。

（2）单击属性栏中的【延长曲线使之封闭】按钮，使所选的两个节点经过延长，连接在一起。

（3）单击属性栏中的【自动闭合曲线】按钮，将闭合一个曲线的初始点和结束点。

（4）连接的两个节点必须同属于一个对象，否则无法闭合。只有对分开的对象执行【结合】命令到一个对象，方可进行以上操作。

5. 改变节点的类型

（1）选择形状工具，选中一个节点，单击属性栏中的【转换曲线为直线】按钮，或者单击【转换直线为曲线】按钮。

（2）也可以右击执行【到直线】或者【到曲线】命令。

6. 断开节点

（1）绘制一个封闭椭圆形。

（2）选择形状工具，选中封闭矩形，右击【转化为曲线】命令。

（3）选中一个节点，单击属性栏中的【断开节点】按钮。

（4）图形只有在曲线编辑状态下，才可以进行节点的连接或断开操作（图 1-39）。

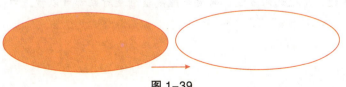

图 1-39

第一章
CorelDRAW X6 基本操作

7. 涂抹笔刷

（1）选中目标涂抹对象。
（2）选择涂抹笔刷工具，此时光标变成椭圆形状，拖动鼠标即可对目标对象进行涂抹。
（3）可以对属性栏中的笔尖大小、水分浓度、斜移、方位进行调节设置（图1-40）。

图 1-40

8. 粗糙笔刷

（1）选中目标对象。
（2）选择粗糙笔刷工具，在矢量图形的轮廓线上拖动鼠标指针，即可将其曲线粗糙化。
（3）属性栏中选项的设置与涂抹笔刷工具相同。

四、对象处理

对象处理是对所绘制的图形图像进行的处理，如复制、变换、旋转、对齐及改变图形位置等。对象处理时，首先要绘制对象，就是前面章节所讲的内容，对象处理操作步骤即为选中所绘制的对象→找到相应的工具命令→进行相应的操作。

1. 选择对象

方式一：单选对象
（1）选择工具箱中的选择工具，在要选取的对象上单击，对象即被选中（图1-41）。
（2）在空白处再次单击，则取消对象的选择。

方式二：多选对象
（1）框选方式。框选就是在页面单击，拖动鼠标，将所有目标对象完全框选在方形框中，即可把所有对象选中（图1-42）。
（2）按住Shift键，连续单击可以选择多个对象；相反，按住Shift键单击，可以将多个选中的对象逐步取消选择。
（3）按Ctrl+A快捷键全选对象。
（4）按住Alt键，用框选的方法，只要是虚线框触及对象都可以被选中。

图 1-41

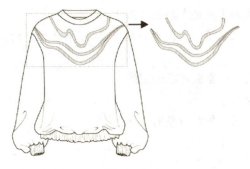

图 1-42

2. 复制、再制、删除对象

可以对绘制的任意对象进行复制、再制或删除。

方式一：复制对象

（1）鼠标复制。选中对象，按住鼠标左键拖动，在不松开鼠标左键的同时右击，可以复制一个对象。

（2）命令复制。选中对象，按 Ctrl+C 快捷键，或者执行【编辑/复制】命令，然后按 Ctrl+V 快捷键，或执行【编辑/粘贴】命令。

（3）快捷方式复制。选中对象后，按住 + 键，然后移开对象。

方式二：再制对象

（1）选中对象。

（2）按住 + 键，向右移动对象。

（3）多次按 Ctrl+D 快捷键，可连续再制对象（图 1-43）。

图 1-43

方式三：删除对象

（1）选中对象。

（2）按 Delete 键，对象被删除。

3. 复制对象的属性、变换、效果到另一个对象

可以快速便捷的将一个对象的属性、变换及效果复制到另一个对象中。

方式一：复制对象的属性

（1）选择工具箱中的滴管工具，单击原始对象，然后单击属性栏中的【轮廓】和【填充

按钮,单击【确定】按钮(图1-44)。

（2）此时滴管变成颜料桶工具,单击目标对象,原始对象的属性就被复制到目标对象上(图1-45)。

方式二：复制对象的变换

步骤同方式一。

方式三：复制对象的效果

步骤同方式一。

图1-44

图1-45

4.定位对象

定位对象就是指改变对象的位置,即移动对象。

方式一：选择工具

（1）选择工具箱中的选择工具,选中对象。

（2）将其移动到目标位置。

方式二：精确定位

（1）选中对象。

（2）在属性栏中设置【水平】【垂直】数值。

方式三：微调

（1）选中对象。

（2）按键盘上的上/下/左/右方向键,可以微调对象的位置。

方式四：菜单移动

（1）选中对象。

（2）执行【排列/变换/位置】命令,设置【水平】【垂直】数值(图1-46)。

图1-46

5. 分布和对齐

分布是指对象之间的距离，对齐是指对象排列整齐，如服装绘图中左右衣片的分布与对齐、图案的分布与对齐等。

（1）选中需要分布或对齐的所有对象。

（2）执行【排列对齐与分布】命令，打开【对齐与分布】面板（图1-47），左侧为对齐选项，垂直方向有顶端对齐、垂直居中部对齐、底端对齐，水平方向有左对齐、水平居中对齐、右对齐。

（3）面板的右侧为分布选项，垂直方向有顶部分散排列、垂直分散排列中心、底部分散排列、垂直分散排列间距，水平方向有左分散排列、水平分散排列中心、右分散排列、水平分散排列间距。

图1-47

6. 改变对象顺序

软件默认的顺序是先绘制的部分在下面，后绘制的部分在上面。

（1）选中一个对象。

（2）右击执行【顺序】命令，在展开的子菜单中选择合适的命令，即可改变对象的顺序（图1-48）。

（3）也可以执行【排列/顺序】命令，同样可以展开子菜单；也可借助快捷键操作，方便快捷。

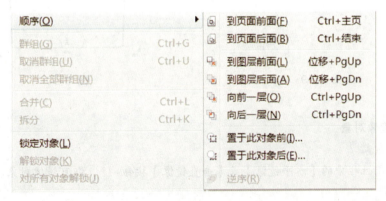

图1-48

第一章
CorelDRAW X6 基本操作

7. 改变对象大小

方式一：鼠标拖动
（1）选择工具箱中的选择工具，选中对象。
（2）将鼠标指针放置在对象边缘上任意一个黑点上，拖动鼠标，即可改变对象的大小。
（3）将鼠标指针放置在四个角时，可作等比例缩放，按住 Shift 键可从中心等比例缩放。

方式二：精确缩放
（1）选中对象。
（2）在属性栏的对象的大小数值框 中输入数值，可以精确设置对象的大小。

方式三：比例缩放
（1）选中对象。
（2）执行【排列/变换/大小】命令，在【变换】面板中找到缩放，输入目标数值（图1-49）。

8. 旋转与镜像对象

旋转与镜像在服装绘图中使用频率多，应重点关注。

方式一：旋转对象
（1）选中对象，再次单击对象，在周围出现旋转圈，按住旋转圈拖动鼠标即可进行旋转（图1-50）。
（2）选中对象，在属性栏的【旋转角度】数值框 中输入数值。
（3）选中对象，执行【排列/变换/旋转】命令，在打开的对话框中输入数值。

图1-49

图1-50

方式二：镜像对象
（1）选中对象。
（2）单击属性栏中的【水平镜像】或【垂直镜像】按钮，即可镜像对象。

9. 群组对象

群组对象可以把两个或两个以上的对象组合为一个对象，便于统一操作，如整体的放大、缩小、移动和复制等。

（1）选中要群组的多个对象。

（2）按 Ctrl+G 快捷键，或者执行【排列/群组】命令，或者单击属性栏中的【群组】按钮，即可群组对象。

（3）要取消群组，可按 Ctrl+U 快捷键，或者单击属性栏中的【取消群组】按钮。

10. 结合对象

结合与群组是不同的，结合将若干曲线或图形结合为同一属性的图形，以便编辑或涂色能够同步；群组是将若干相同或不同属性的图形组在一起，编辑时需要拆开，是相互不干涉、独立的个体。

（1）选中要结合的对象。

（2）执行【排列/结合】命令，或单击属性栏中的【结合】按钮，或者右击执行【结合】命令，即可结合对象。

（3）右击执行【打散曲线】命令即可取消结合。

五、对象填充

填充是表现面料效果、图案效果及服装整体效果的重要手法。在 CorelDRAW X6 中，工具栏中填充分为均匀填充、渐变填充、图样填充、底纹填充、PostScript 底纹填充、无填充及颜色泊坞窗等，需要填充的对象必须是封闭的区域。

1. 均匀填充

（1）选中对象。

（2）在绘图页面右侧的调色板中单击，对象即被填充，单击⊠，填充即被取消；或按 Shift+F11 快捷键，打开【均匀填充】对话框（图 1-51），自由选择颜色，单击【确定】按钮；或执行【填充/均匀填充】命令，打开【均匀填充】对话框，选中颜色后，单击【确定】按钮。

（3）在调色板中填充颜色时，单击是填充对象内部颜色，右击是填充对象轮廓颜色，均匀填充效果如图 1-52 所示。

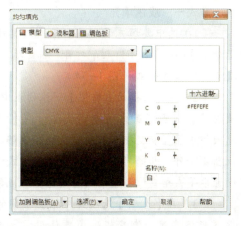

图 1-51

第一章
CorelDRAW X6 基本操作

图 1-52

2. 渐变填充

渐变填充是 CorelDRAW X6 中一种非常重要的表现技巧，它能将对象凹凸的表面、变化的光影及立体的效果通过颜色的变化表现出来，通过使用填充工具可以为对象做渐变效果的填充。

【渐变填充】对话框分为双色与自定义填充两种模式（图 1-53）。

（a）双色渐变填充　　　（b）自定义渐变填充

图 1-53

方式一：双色填充

（1）选中要填充的对象。单击工具箱中的【填充渐变】按钮或按 F11 键，打开【渐变填充】对话框，默认双色填充模式（图 1-54）。

（2）在对话框的【类型】下拉列表中可选线性、放射状、圆锥形及方角渐变类型，在【中心位移】选项组中设置渐变中心点水平及垂直偏移的位置（线性渐变除外，选择射线、圆锥等渐变方式填充，可以设置水平或垂直位移量来调整填色中心点的位置）。

（3）在【选项】选项组中根据不同的渐变类型设置光源角度、渐变级数（默认设置为 256，数值越大，渐变层次就越多，渐变色表现得越细腻）和

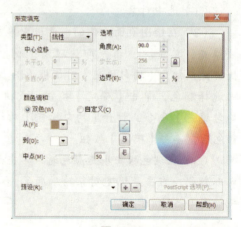

图 1-54

边缘锐度值（用于设置边缘宽度，取值范围在 0~49，数值越大，相邻颜色间边缘就越窄）。

（4）在起始和终止下拉列表中选择作为渐变填充的起始颜色（系统默认为黑色）和终止颜色（系统默认为白色）；调节中央点滑块可以改变起始颜色与终止颜色在渐变中所占的成分比例，在对话框右上角的预览框中可以看到调节后的效果。

（5）在圆形颜色循环图的左边，有三个纵向排列的按钮，单击按钮，可以在圆形颜色循环图中按直线方向混合起始及终止颜色；单击按钮，可以在圆形颜色循环图中按逆时针的弧线方向混合起始及终止颜色；单击按钮，可以在圆形颜色循环图中按顺时针的弧线方向混合起始及终止颜色。

方式二：自定义填充

（1）选中要填充的对象。单击工具箱中的【填充渐变】按钮或者按 F11 键，打开【渐变填充】对话框，选择自定义填充模式（图 1-55）。

（2）角度、中心位移、边界、步长的设定与双色渐变填充模式相同。

（3）自定义填充可以在渐变轴上双击设置当前色的位置，在当前颜色显示框右边的调色盘中选择当前色，用同样的方法可以设置多个位置的颜色，颜色可自动生成渐变过渡色，双击颜色控制点，可以删除颜色点。

（4）自定义渐变色填充颜色后，可在【预设】下拉列表中为新的填充命名，然后单击，可将定制的渐变填充储存起来，单击，可将其删除。

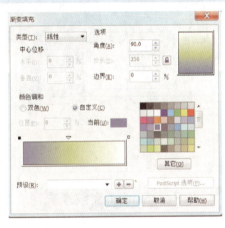

图 1-55

3. 图样填充

图样填充是使用重复图案为对象进行填充，可以使用 CorelDRAW X6 图库中的图样，也可自行导入外部图样填充。

（1）选中目标填充对象。

（2）执行【填充/图案填充】命令，打开【图样填充】对话框（图 1-56）。在该对话框中，CorelDRAW X6 提供三种图案填充模式，即双色、全色及位图模式（图 1-57）。

图 1-56

（a）双色　　（b）全色　　（c）位图

图 1-57

4. 底纹填充

底纹填充指可以在对象中添加模仿自然界的物体或其他的纹理效果，使对象更有深度和丰富感，获得令人满意的效果（图1-58）。

（1）选中目标填充对象。

（2）执行【填充/底纹填充】命令，打开【底纹填充】对话框（图1-59）。在选择目标纹理后，可对每种样式的属性选项进行调整，可以细微改变材质的纹理效果。

图1-58　　　　　　　　　　　　　　图1-59

5. PostScript 底纹填充

PostScript 底纹填充是一种特殊的图案填充方式，类似底纹填充，可塑造多种丰富的效果（图1-60）。

（1）选中目标填充对象。

（2）执行【填充/PostScript】命令，打开【PostScript】对话框（图1-61）。

（3）选中目标底纹后，对属性选项进行调节，选中【预览填充】复选框，可在预览窗口预览填充效果。单击【刷新】按钮，可将属性选项修改后的填充效果显示在预览窗口中。

图1-60　　　　　　　　　　　　　　图1-61

6. 交互式网状填充工具

　　交互式网状填充工具可以轻松地创建复杂多变的网状填充效果（图1-62），同时还可将每一个网格填充上不同的颜色，定义颜色扭曲的方向。

　　（1）选定目标网状填充对象。

　　（2）选择工具箱中的交互式网状填充工具。

　　（3）在交互式网状填充工具属性栏中设置网格数目。

　　（4）单击目标填充节点，在调色板中选定需要填充的颜色，即可为该节点填充颜色。

　　（5）拖动选中的节点，即可扭曲颜色的填充方向。

图1-62

7. 图框精确裁剪

　　图框精确裁剪可以将一个图形对象放置在另一个矢量对象内部，并且可以修改内部对象。

　　（1）选中A图（图1-63），执行【效果图框精确裁剪放置在容器中】命令。

　　（2）当鼠标指针变成黑色粗箭头时，单击B图衣身部分，A图即被放置于B图形中。

　　（3）选中B图衣身部分，右击执行【编辑powerclip】命令，进入子页面，选中A图，放大至合适位置，然后右击结束编辑（图1-64）。此外还可调整对象，右击执行【调整对象】命令，展开子菜单，选择需要的命令进行编辑。

　　（4）选中B图衣身部分，右击执行【提取内容】，可以将图框精确裁剪后的对象分离出来。

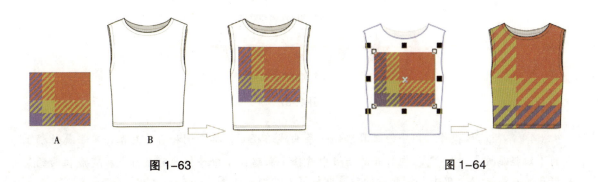

图1-63　　　　　　　　　　　　图1-64

第一章
CoreIDRAW X6 基本操作

六、交互式调和工具组

1. 交互式调和工具

调和是CorelDRAW X6中应用非常广泛的工具，可以在两个或者两个以上的矢量图形的颜色和形状上产生过渡效果，对象上的填充方式、排列顺序、外形轮廓及尺寸大小上都会产生平滑的变化。选择调和工具，在一个对象上单击并拖动到另一个对象上，就会产生调和效果，在属性工具栏中调整属性选项可以改变调和效果。

（1）绘制两个用于制作调和的对象（图1-65）。

图 1-65

（2）选择交互式调和工具，对属性进行设置（图1-66）。

图 1-66

（3）在调和起始对象A上按住鼠标左键不放，然后拖动到终止对象B上，释放鼠标即可，属性栏中可对调和形式进行设置，如直接调和、顺时针调和、逆时针调和（图1-67）。

(a) 直接调和效果

(b) 顺时针调和效果

(c) 逆时针调和效果

图 1-67

（4）路径属性操作。用手绘工具绘制一条曲线路径C。单击调和后的对象，单击属性栏上方的【路径属性】按钮，在打开的面板中选择【新路径】命令，此时鼠标光标变成扭曲的箭头形状，在曲线C上单击，调和后的对象即被置入曲线上（图1-68）。

图 1-68

（5）设置新起点与新终点。首先绘制一个新对象A，并将对象置于图层后面，否则不可操作，然后选择调和工具选中要设置新起点的调和对象，单击属性栏中的 按钮，在打开的面板中选择【新起点】命令，此时光标变成向下扭曲的箭头，在对象A上单击，调和的对象的起点被A取代，用同样的方法设置新终点（对象不需置于图层后面）（图 1-69）。

（a）调整前效果

（b）调整后的效果

图 1-69

（6）删除路径C操作。选中对象，执行【排列/拆分路径群组上的混合】命令或者按Ctrl+K 快捷键，按 Delete 键即可删除。

2. 交互式轮廓图工具

交互式轮廓图工具只作用于单个对象，可以使图形产生一系列同心轮廓线，从而使图形具有轮廓感和深度感。

轮廓类型有三种：①到中心，即在固定的距离内产生轮廓，固定距离指的是从图形边缘到中心间的距离；②内部轮廓，即在原图形的内部产生轮廓；③外部轮廓，即在原图形的外部产生轮廓。

（1）选中要添加效果的对象。

（2）在工具箱中选择交互式轮廓图工具 ，对属性进行设置（图 1-70）。

（3）向内（或向外）拖动对象的轮廓线，在拖动的过程中可以看到提示的虚线框。

（4）当虚线框达到满意的大小时，释放鼠标即可完成轮廓效果的制作（图 1-71）。

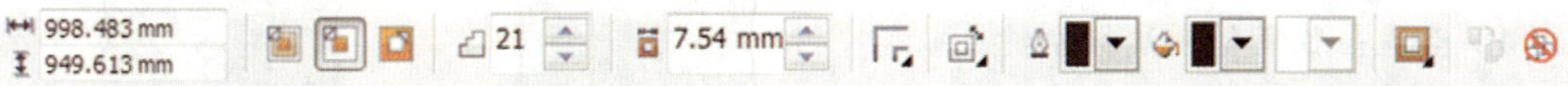

图 1-70

图 1-71

3. 交互式变形工具

交互式变形工具可以不规则的改变对象的外观，使对象发生变形。应用该工具后还能保持原对象的所有属性不丢失，并可随时编辑，对象的路径情况决定了变形结果的基本形状。交互式变形工具属性栏中有三种变形模式，包括推拉变形、拉链变形、扭曲变形，可以变换出各种效果。

（1）选中目标变形对象。

（2）选择工具箱中的交互式变形工具，在属性栏中出现三种模式（图 1-72）。

（3）将鼠标指针移动到目标变形对象上，按住鼠标左键的同时拖动鼠标指针至适当位置，此时可见蓝色变形提示虚线，释放左键可完成变形（图 1-73）。

图 1-72

图 1-73

4. 交互式阴影工具

阴影效果是指为对象添加下拉阴影，增加景深感，从而使对象具有一个逼真的外观效果。制作好的阴影效果与选定对象是动态链接在一起的，如果改变对象的外观，阴影会随之变化。

（1）选中要添加阴影效果的对象。

（2）选择工具箱中交互式阴影工具。

（3）在对象上按住鼠标左键，拖动鼠标指针至阴影投放方向，此时会出现对象阴影的虚线轮廓框。

（4）至适当位置释放鼠标左键，即可完成阴影效果的添加（图 1-74）。

（5）通过属性栏中的【预设】按钮，可以直接应用阴影。

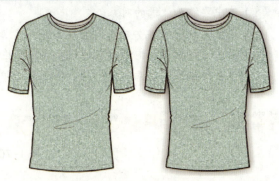

图 1-74

5. 交互式立体化工具

立体化效果是指利用三维空间的立体旋转和光源照射的功能，为对象添加产生明暗变化的阴影，从而制作出逼真的三维立体效果。使用工具箱中的交互式立体化工具，可以轻松地为对象添加位图立体化效果或矢量图立体化效果。

（1）选中添加立体化效果的目标对象。

（2）选择工具箱中的交互式立体化工具。

（3）在对象中心按住鼠标左键并向添加立体化效果的方向拖动，此时对象上会出现立体化效果的控制虚线。

（4）拖动至适当位置后释放鼠标左键，即可完成立体化效果的添加（图1-75），还可以在属性栏中调节立体化的深度、类型及立体化颜色等。此外，拖动控制线中的调节钮也可以改变对象立体化的深度，拖动控制线箭头所指一端的控制点可以改变对象立体化消失点的位置。

（5）通过属性栏中的【预设】按钮，可以直接应用立体化。

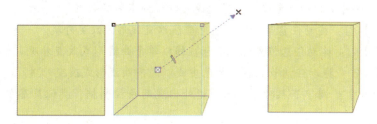

图 1-75

6. 交互式透明工具

交互式透明工具可以通过改变对象填充颜色的透明程度，来创建独特的视觉效果，可以方便地为对象添加均匀、渐变、图案及材质等透明效果。

（1）选中对象。

（2）选择工具箱中的交互式透明工具。

（3）在对象上按住鼠标左键并向需要透明的方向拖动，完成透明效果（图1-76）。

（4）单击属性栏中的【删除】按钮，清除透明效果。

图 1-76

7. 交互式封套工具

通过操纵边界框可以改变对象的形状，使内部内容随外形自由变换，塑造多种变形及透视效果。

（1）选中目标对象。

（2）单击需要制作封套效果的对象，此时对象四周出现矩形封套虚线控制框。拖动封套控制框的节点可改变外观形状（图1-77）。

图 1-77

（3）属性栏设置了四种封套模式，通过设置可得到不同的效果。

【直线模式】▱：拖动任意节点时，蓝色虚线以直线形式改变外观。

【单弧模式】▱：拖动任意节点时，蓝色虚线以单条曲线形式改变外观。

【双弧模式】▱：拖动任意节点时，蓝色虚线以两条曲线形式改变外观。

【非强制模式】：调节节点时，节点两边处出现两条控制柄，类似贝塞尔工具，可以自由调节外观。

（4）自定义封套。先用基本形状绘制一个五角形，右击转化为曲线或按Ctrl+Q快捷键，重新输入一个文字作为要运用封套的对象，单击封套，然后单击属性栏中的【创建封套】按钮 ✏，在五角形内侧单击，此时文字上方出现五角形的虚线封套。先单击文字，再在五角形任意节点上单击，即可运用新的封套（图1-78）。

（5）用作封套的对象如果是基本形状，需将其转化为曲线才能操作。

图 1-78

七、修整工具组

修整工具，通过焊接、修剪、相交、简化、前减后（移除后面对象）、后减前（移除前面对象）命令，可以迅速绘制出具有复杂轮廓的图形对象，只有选中两个或两个以上命令才可操作。也可通过执行【排列／结合】命令，打开修整泊坞窗进行操作。

1. 【焊接】命令

【焊接】命令可以将几个图形对象结合为一个图形对象。
（1）以框选或多选的形式选中需要操作的多个图形对象，确定目标对象。
（2）单击属性栏中的【焊接】按钮 ，即可完成多个对象的焊接（图1-79）。

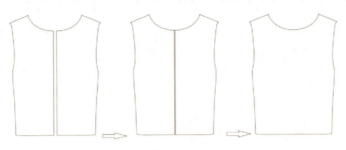

图1-79

2. 【修剪】命令

【修剪】命令使用其他图形的形状剪切图像的一部分。
（1）选中A图，按住Shift键后选中B图，后选中的就是被修剪的对象。
（2）单击属性栏中的【修剪】按钮 ，即A图将B图重叠的部分减掉（图1-80）。

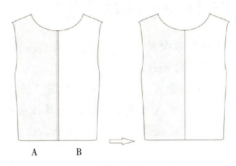

图1-80

3. 【相交】命令

【相交】命令可在两个或两个以上的图形对象交叠处产生一个新的对象。
（1）准备A、B图，选中A图，将其移至B图下方。
（2）选中A图和B图的下摆部分，单击属性栏中的【相交】按钮。
（3）移开A图，相交后的效果呈现，如图1-81所示。

图1-81

4.【简化】命令

使用简化功能后，可以减去后面图形对象中与前面图形对象的重叠部分。

（1）准备 A、B 图，选中 A 图，将其移至 B 图上方。

（2）选中 A 图和 B 图的衣身部分，单击属性栏中的【简化】按钮。

（3）移开 A 图，简化后的效果呈现，如图 1-82 所示。

图 1-82

5.【移除后面对象】命令

【移除后面对象】命令可以减去后面图形对象及前后图形对象的重叠部分，只保留前面图形对象剩下的部分。

（1）准备 A、B 图，选中 A 图，将其移至 B 图上方。

（2）选中 A 图和 B 图，单击属性栏中【移除后面对象命令】按钮。

（3）完成效果如图 1-83 所示。

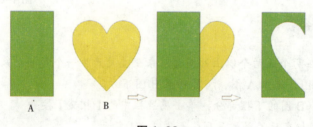

图 1-83

6.【移除前面对象】命令

【移除前面对象】命令可以减去前面图形对象及前后图形对象的重叠部分，只保留后面图形对象剩下的部分。

步骤同【移除后面对象】命令。

【思考习题】

1. 用贝塞尔工具或者钢笔工具绘制一款简单的T恤平面款式图，并分别进行单色填充和渐变填充。

2. 利用【图框精确裁剪】命令，制作女性T恤衫的图案效果。

3. 如何对齐、相交及焊接对象？

第二章 服装零部件绘制实例

 知识目标

了解服装零部件款式结构，充分理解 CorelDRAW 软件相关使用工具特点，掌握利用 CorelDRAW 软件绘制服装零部件的步骤。

 技能目标

利用 CorelDRAW 软件绘制行业标准款式图的基本要求与流程，深入掌握 CorelDRAW 软件工具的操作方法与技巧，并能够快速完成不同类型的服装款式图零部件的绘制法。

情感目标

通过动实践操作练习，提高学生学习兴趣，体会服装设计的乐趣。使学生学会观察人体特征、理解人体与服装结构的关系。能正确设计或使用 CorelDRAW 软件绘制服装零部件。

思维导图

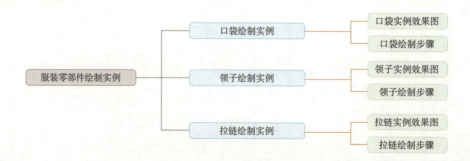

第一节 口袋绘制实例

一、口袋实例效果图

口袋实例效果图如图 2-1 所示。

图 2-1

二、口袋绘制步骤

（1）选择工具箱中的矩形工具 ，在属性栏的【对象大小】数值框中输入数值 "40mm/45mm"，绘制一个矩形（图 2-2）。

（2）选择工具箱中的形状工具 ，在矩形的 a 点处单击，按住 Shift 键单击 b 点，拖动 a 点将直角变形为圆角（图 2-3）。

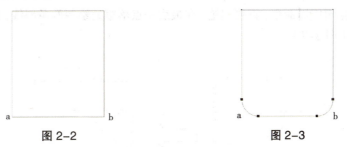

图 2-2   图 2-3

（3）选择矩形工具（快捷键 F6），从矩形的 c 点出发，拖出袋盖形状。选择形状工具（快捷键为 F10），重复步骤（2），将袋盖的直角变成圆角（图 2-4）。

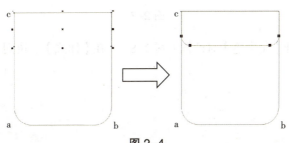

图 2-4

（4）选中袋盖，按+键，将鼠标指针放在c点处，按住鼠标左键的同时按Shift键进行等比例缩放操作。按住Shift键，拖放d点（图2-5）。

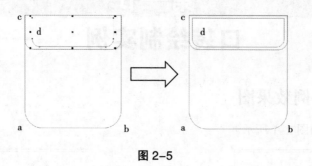

图2-5

（5）选中口袋，重复步骤（4），得到图2-6左图所示效果。选中盖袋，单击右边【颜色栏】中的白色，进行色彩填充（图2-6）。

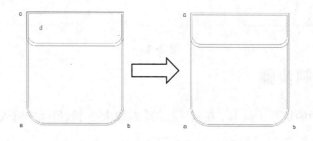

图2-6

（6）执行【手绘/钢笔】命令，直接起笔，在最后一点落笔处绘制两条斜线，选中其中一条斜线，按+键，拖动线条（图2-7）。

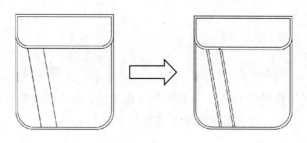

图2-7

（7）按F12键，打开【轮廓笔】对话框（图2-8）。在【样式】下拉列表框中选择需要的虚线，得到图2-9所示效果。

第一节 口袋绘制实例

图 2-8

图 2-9

（8）按住 Shift 键，选择口袋和袋盖上的缝纫线，重复步骤（7），得到图 2-10 所示效果。

图 2-10

53

第二节 领子绘制实例

 一、领子实例效果图

领子实例效果图如图 2-11 所示。

图 2-11

 二、领子绘制步骤

（1）按 Ctrl+N 快捷键或者执行【文件/新建】命令，新建一个文件。执行【视图/网格】命令，显示网格（图 2-12）。

（2）创建领子外轮廓。选择钢笔工具 ，绘制领子外轮廓（图 2-13）。

（3）用钢笔工具再绘制一个倒三角形（图 2-14）。

 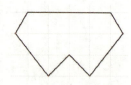 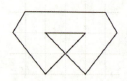

图 2-12　　　　　　　图 2-13　　　　　　　图 2-14

（4）修改领子的形状。选择形状工具 ，在需要修改的线条上右击，执行【到曲线】命令，修改对象（图 2-15）。

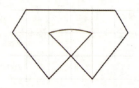 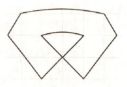

图 2-15

（5）用选择工具 ，全部选中对象，单击工具栏中的【修剪】按钮 。在其右边的【颜色栏】中单击任意颜色，进行领子的单色填充（图2-16）。

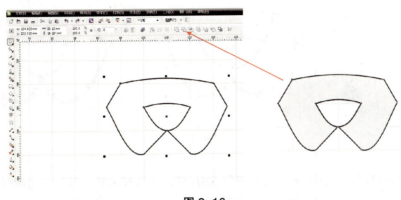

图2-16

（6）选择钢笔工具 ，绘制领子的内轮廓线（图2-17）。

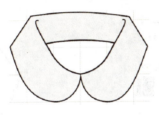

图2-17

（7）领子边缘绘制弧线的操作。选择手绘工具 ，选择其中的【3点曲线】工具 后，在领子边缘a点处按住鼠标左键，移动至领子边缘b点后释放鼠标左键，拖放弧线弧度绘制领子外轮廓线（图2-18）。

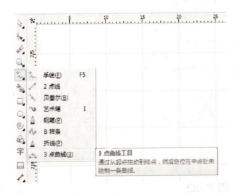
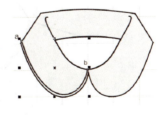

图2-18

（8）复制镜像弧线，按＋键，复制ab弧线，单击属性栏中的【水平镜像】按钮 ，移至右边领子轮廓线。如果对弧线弧度不满意，可以通过形状工具 进行修改（图2-19）。

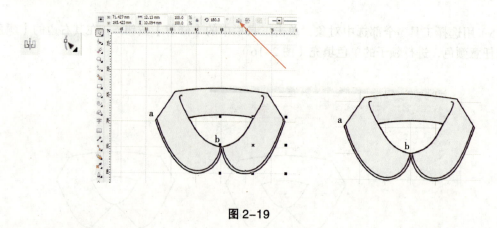

图 2-19

（9）实线转换虚线。选中 ab 弧线，按住 Shift 键，再选择另外一条领子边缘弧线，选择工具箱中的轮廓笔工具或按 F12 键，打开【轮廓笔】对话框（图 2-20），设置宽度为 0.2mm，样式为任意虚线，选中【随对象缩放】复选框，得到图 2-21 所示效果。

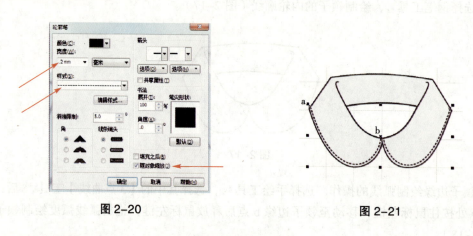

图 2-20　　　　　　　　　　　图 2-21

（10）选择钢笔工具，绘制两条肩线（图 2-22）。

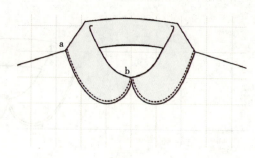

图 2-22

（11）选择矩形工具，绘制一个矩形（图 2-23）。选中矩形和领子外形，执行【排列/对齐和分布/垂直居中对齐】命令（图 2-24）。选中矩形对象，右击执行【顺序/到页面后面】命令，得到图 2-25 所示效果。

第二节

领子绘制实例

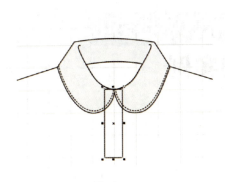

图 2-23

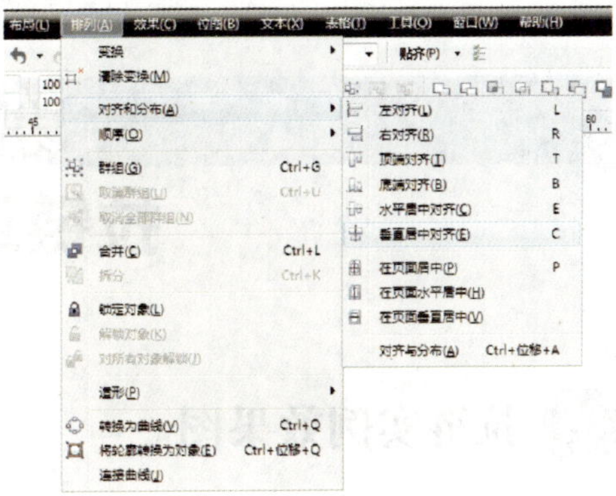

图 2-24

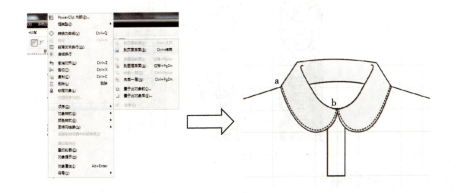

图 2-25

（12）选中矩形，按 + 键，将鼠标指针放在 c 点处，按住鼠标左键，同时按 Shift 键进行等比例缩放操作，然后按住 Shift 键，拖放 d 点调整（图 2-26）。选中矩形内轮廓，按 F12 键，打开【轮廓笔】对话框，设置宽度为 0.2mm，样式为任意虚线，选中【随对象缩放】复选框，得到图 2-27 所示效果。

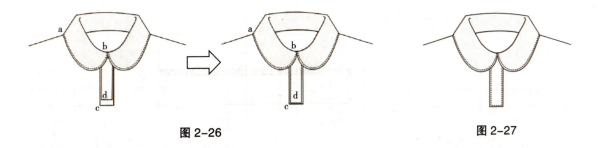

图 2-26　　　　　　　　　　　　　　　　图 2-27

第三节
拉链绘制实例

一、拉链实例效果图

拉链实例效果图如图 2-28 所示。

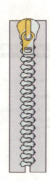

图 2-28

二、拉链绘制步骤

（1）按住 Ctrl+N 捷键或者执行【文件/新建】命令，新建一个文件。

（2）绘制拉链锁头。选择工具箱中的矩形工具▭，在页面空白处单击拖出一个矩形，设置矩形为圆角矩形，设置矩形的边角圆滑度为 2.0mm，按 Enter 键。再选择矩形工具▭，在旁边空白处单击拖出另一个矩形，设置矩形为圆角矩形，设置矩形的边角圆滑度为 1.0mm，按 Enter 键（图 2-29）。

（3）将两个矩形组合。把两个矩形放置好，选中两个矩形，执行【排列/对齐和分布/垂直居中对齐】命令，得到图 2-30 所示效果。

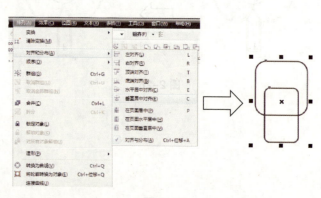

图 2-29　　　　　　　　　　　　　　　图 2-30

（4）选中两个矩形，单击属性栏中的【合并】按钮，得到图2-31所示效果。

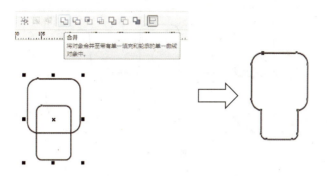

图 2-31

（5）选中对象，选择形状工具，框选住两矩形相接的两个节点，单击属性栏中的【删除节点】按钮，得到图2-32所示效果。

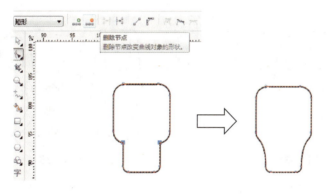

图 2-32

（6）选择矩形工具，在旁边空白处单击，拖出另一个矩形，设置矩形为圆角矩形，设置矩形的边角圆滑度为1.0mm，按Enter键。将矩形放置于合适的位置，适当修改其形状，填充为白色，得到图2-33所示效果。

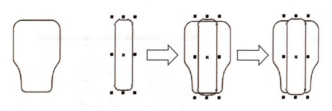

图 2-33

（7）选择矩形工具，在旁边空白处单击，拖出另一个矩形，设置矩形为圆角矩形，设置矩形的边角圆滑度为2.0mm，按Enter键。选择工具箱中的椭圆形工具，拖拉绘制一个椭圆形，选择选择工具，适当移动其位置。框选两个图形，执行【排列/对齐和分布/垂直居中对齐】命令，单击属性栏中的【合并】按钮，再框选对象，选择形状工具，框选合并前两个形状相交的节点，单击属性栏中的【删除节点】按钮，得到图2-34所示效果。

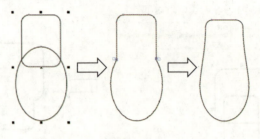

图2-34

（8）选择矩形工具，拖拉绘制一个矩形，并调整其形状，设置矩形为圆角矩形，设置矩形的边角圆滑度为2.0mm，按Enter键，放置于合适的位置，如不满意还可调整其形状（图2-35）。

（9）选择椭圆形工具，拖拉绘制一个椭圆形，选择选择工具，适当移动其位置，调整其大小。框选三个对象，执行【排列/对齐和分布/垂直居中对齐】命令，得到图2-36所示效果。

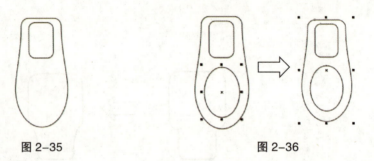

图2-35　　　　　　　　　　　图2-36

（10）单击属性栏中的【修剪】按钮，把对象移动至空白处，删除圆角矩形和椭圆形，调整图形的大小，放置于合适的位置。框选全部对象，执行【排列/对齐和分布/垂直居中对齐】命令，得到图2-37所示效果。

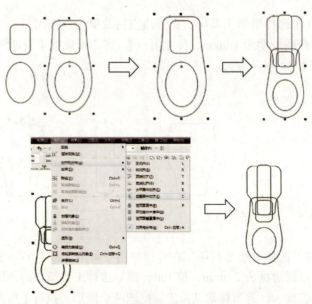

图2-37

（11）选择锁头中间的长圆角矩形，填充为白色，按 Shift+PageUp 快捷键，将选中的圆角矩形放置于顶层。选中下面的拉锁，填充为白色（图 2-38）。

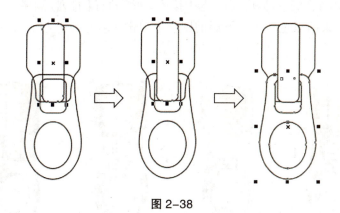

图 2-38

（12）为拉链锁头填充渐变颜色，以模仿其金属的渐变效果。选中锁头中间的长圆角矩形，选择工具箱中的填充工具，打开【渐变填充】对话框，设置渐变填充的类型为线性，选【自定义】单选按钮，在色条上方的最小黑点处单击，选择颜色，双击滑轴任意位置可以添加多个颜色（弹出倒三角形状）。要删除颜色，只需要在倒三角形上双击即可，完成后单击【确定】按钮（图 2-39）。

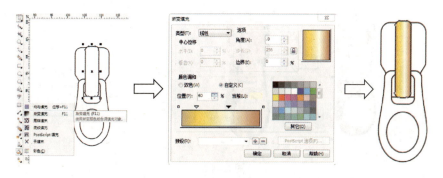

图 2-39

（13）选中锁头底部形状，重复步骤（12），进行渐变填充。再选中锁头拉环，重复步骤（12），进行渐变填充（图 2-40）。

图 2-40

（14）选中锁头拉环，按住鼠标左键拖动，右击（不要松开左键）【再制图形】命令。选中拉链锁头底部图形，用同样的方法再制图形，填充图形为黑色，按 Shift+PageDown 快捷键，把此图形放置于最底层，利用方向键移动其位置。选中拉环图形，执行【排列/顺序/置于此对象后】命令，当鼠标指针变成一个大的黑色时，在下层的图形上单击，填充为黑色，利用方向键微调其位置（图 2-41）。

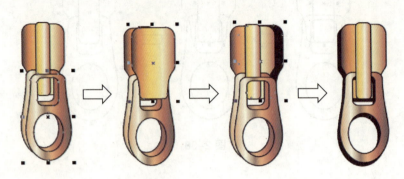

图 2-41

（15）框选所有图形，右击⊠按钮去掉外轮廓色，单击属性栏上的【群组】按钮※（图 2-42）。

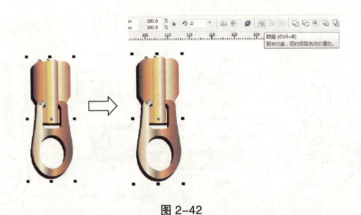

图 2-42

（16）绘制拉链齿。选择工具箱中的矩形工具，拖拉出一个长方形，设置矩形的边角圆滑度为 1.0mm，按 Enter 键。重复步骤（12），进行渐变填充。选择工具箱中的选择工具，选中此图形，拖动到合适的位置，右击执行【再制图形】命令。选中下方的图形，填充为黑色，微调其位置。框选两个图形，右击⊠按钮去掉外轮廓色，单击属性栏中的【群组】按钮※（图 2-43）。

图 2-43

（17）选中拉链齿图形，按住 Ctrl 键，按住鼠标左键向下垂直拖拉，不要松开鼠标左键，右击执行【再制拉链齿】命令。选择工具箱中的交互式调和工具，在第一个拉链齿上按住鼠标左键向下拖拉，调整步长或调和形状之间的偏移量为 16（图 2-44）。

（18）选择矩形工具，拖拉出一个长矩形，调整至合适位置，单击颜色栏中的黑色（80% 黑），去掉外轮廓色，按 Shift+PageDown 快捷键，把此图形放置于最底层（图 2-45）。

（19）选择选择工具，框选拉链齿和矩形，按住 Ctrl 键，选中图形左控制点并向右进行拖拉，在不松开鼠标左键的情况下右击，镜像再制其图形，利用方向键移动其位置，调整至合适位置，再框选右边的拉链齿图形，利用方向键调整位置，选中右边的矩形，按 Shift+PageDown 快捷键，把此图形放置于最底层（图 2-46）。

图 2-44　　　　　　图 2-45　　　　　　图 2-46

（20）选中拉链头图形，移动放置于拉链齿处，按下 Shift+PageDown 快捷键，把此图形放置于最顶层，调整大小并调至合适位置，得到图 2-47 所示效果。

图 2-47

【思考习题】

1. 如何去掉形状的外轮廓色？

2. 如何绘制缝纫线？

3. 完成图 2-48 所示服装零部件的绘制。

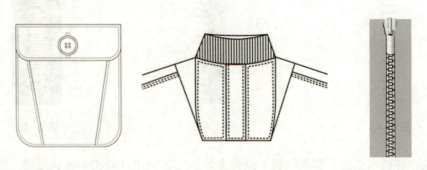

图 2-48

第三章　图案绘制实例

 知识目标

　　了解服饰图案的概念、特点、分类。学习独立式、二方连续、四方连续等相关知识及组织方式。掌握利用 CorelDRAW 软件绘制各类图案的步骤。

 技能目标

　　掌握服饰图案的组织方式，理解利用 CorelDRAW 软件绘制行业标准款式图的基本要求与流程，深入掌握 CorelDRAW 软件工具的操作方法与技巧，并能够快速完成不同类型的服装图案的绘制方法。并要求学生能达到专业结图案绘制的规范与要求。

 情感目标

　　培养学生绘制图案的能力，达到专业绘图比例准确、图线清晰、标注规范的要求。培养学生灵活运用图案组织变化原理，提升款式审视分析与调控能力，达到举一反三的技能。提高学生的审美能力和表达能力。

 思维导图

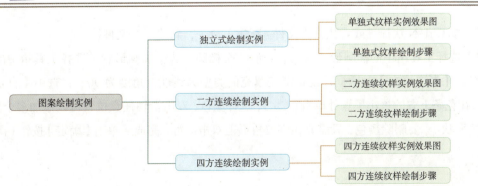

第三章

图案绘制实例

第一节 独立式绘制实例

独立服饰图案一般包括单独纹样、适合纹样、边缘纹样、角纹样等几种，是指没有外轮廓及骨骼限制，可单独处理、自由运用的一种装饰纹样。它既可以作为独立的图案装饰服装，也可以作为二方连续、四方连续的基础图案，广泛地应用于服饰图案的设计中。

一、单独式纹样实例效果图

单独式纹样实例效果图如图 3-1 所示。

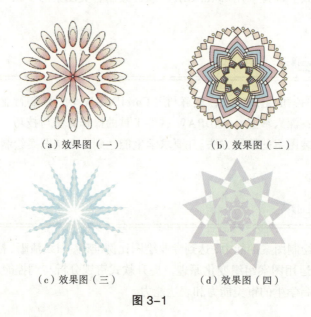

（a）效果图（一）　　　　（b）效果图（二）

（c）效果图（三）　　　　（d）效果图（四）

图 3-1

二、单独式纹样绘制步骤

（1）按 Ctrl+N 快捷键或者执行【文件/新建】命令，新建一个文件。

（2）选择工具箱中的椭圆形工具 ，绘制一个椭圆。选中椭圆形状，选择工具箱中的填充工具 ，打开【渐变填充】对话框，设置渐变填充的类型为线性，角度为 90°，选中【自定义】单选按钮，在色条上方的最小黑点处单击 ，选择颜色，双击滑轴任意位置可以添加多个颜色（弹出倒三角形状）。要删除颜色，只需要在倒三角形上双击即可，完成后单击【确定】按钮（图 3-2）。

第一节
独立式绘制实例

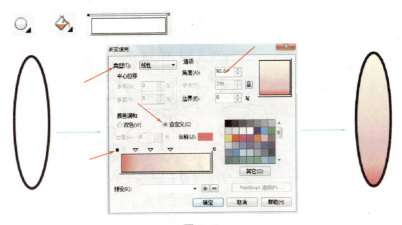

图 3-2

（3）单击椭圆对象，进入旋转状态，拖动中心点至椭圆下方合适的位置，执行【窗口 / 泊坞窗 / 变换 / 旋转】命令，打开对话框，在对话框中设置旋转角度为 60°，多次单击【应用到再制】按钮，选中所有图形，按 Ctrl+G 快捷键群组，得到 a 图（图 3-3）。

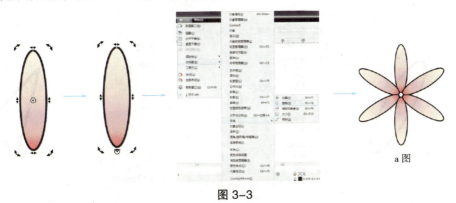

图 3-3

（4）选择工具箱中的椭圆工具，绘制一个椭圆，按 + 键复制，配合 Shift 键进行成比例缩小，选中后执行【排列 / 对齐和分布 / 底端对齐】命令，并渐变填充颜色，按 Ctrl+G 快捷键群组，得到 b 图（图 3-4）。

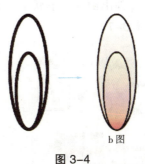

图 3-4

（5）选中 b 图，再次单击 b 图，出现旋转中心，将旋转中心拖放至 a 图的旋转中心（两个旋转中心要重合）。执行【窗口 / 泊坞窗 / 变换 / 旋转】命令，打开对话框，在对话框中设置旋转角度为 18°，多次单击【应用到再制】按钮，得到图 3-5 所示效果。

第三章

图案绘制实例

b图

a图

图 3-5

（6）选择工具箱的椭圆工具 ⬭，绘制一个椭圆，在属性栏【旋转】数值框中输入数值 30°，右击执行【转换为曲线】命令，选择工具箱中的形状工具，右击椭圆的上弧线，执行【到直线】命令，右击椭圆的下弧线执行【到曲线】命令，调整至合适，得到图 3-6 所示效果。

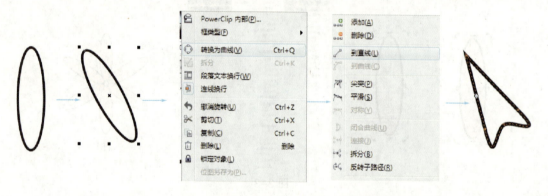

图 3-6

（7）选中对象，选择工具箱中的填充工具 ⬥，打开【渐变填充】对话框，设置渐变填充的类型为线性，角度为 -60°，选中【自定义】选项，在色条上方的最小黑点处单击▭，选择颜色，双击滑轴任意位置可以添加多个颜色（弹出倒三角形状）。要删除颜色，只需要在倒三角形上双击即可，完成后单击【确定】按钮（图 3-7）。

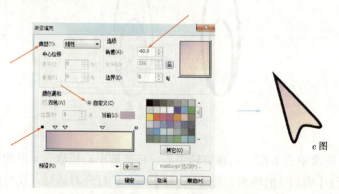

c图

图 3-7

第一节 独立式绘制实例

（8）选中 c 图，移动至图案合适位置，单击 c 图，进入旋转状态，拖动中心点至椭圆下方合适的位置，执行【窗口／泊坞窗／变换／旋转】命令，打开对话框，在对话框中设置旋转角度为 60°，多次单击【应用到再制】按钮，选中所有图形，按 Ctrl+G 快捷键群组，得到如图 3-8 所示效果。

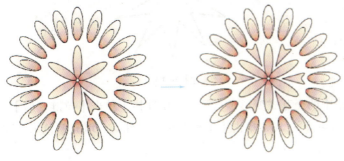

图 3-8

三、图 3-1（b）绘制步骤

（1）选择工具箱中的复杂星形工具，配合 Ctrl 键绘制一个正星形图案 a，然后用形状工具将其变形为图案 b。按 + 键复制，并配合 Shift 键将其缩放，重复操作，得到图案 c，填充不同的颜色，得到图案 d（图 3-9）。

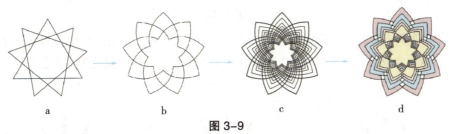

图 3-9

（2）绘制一个四边形并填充颜色，放置到合适位置，将其设置中心点移至 d 图的中心，执行【窗口／泊坞窗／变换／旋转】命令，打开对话框，在对话框中设置旋转角度 12°，多次单击【应用到再制】按钮。再重复上述操作，添加圆形图案，得到图 3-10 所示效果。

图 3-10

四、图 3-1（c）绘制步骤

（1）选择工具箱中的星形工具，在属性栏中设置边数为 10，角度为 60°，按住 Ctrl 键绘制星形图形（图 3-11）。

69

图 3-11

（2）选择工具箱中的交互式变形工具，在属性栏中单击【拉链变形】按钮，设置拉链失真振幅为 5，拉链失真频率为 10，单击【平滑变形】按钮，填充颜色为"冰蓝"，得到图 3-12 所示效果。

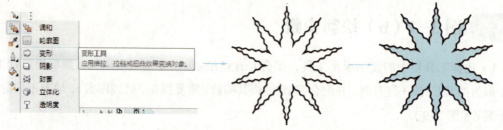

图 3-12

（3）选中对象，在属性栏中设置边数为 13，按 + 键复制，在属性栏中设置角度为 77°，并填充颜色。再按下 + 键复制，配合 Shift 键进行等比例缩放，并填充颜色为"白色"，得到图 3-13 所示效果。

图 3-13

（4）选中全部的图形，在右边【颜色栏】中右击，去掉外轮廓色，执行属性栏中的【群组】命令，得到图 3-14 所示效果。

图 3-14

第二节
二方连续绘制实例

二方连续,也称带状图案,是图案花纹的一种组织方法。二方连续是由一个单位纹样(一个纹样或两三个纹样组合为一个单位纹样),向上下或左右两个方向反复连续而形成的纹样。二方连续的骨法有以下三种:垂直式、散点式、波纹式。二方连续图案由于具有重复、条理、节奏等形式,因此应用广泛。

一、二方连续纹样实例效果图

二方连续纹样实例效果图如图 3-15 所示。

图 3-15

二、二方连续纹样绘制步骤

(1)绘制底板。按 Ctrl+N 快捷键或者执行【文件/新建】命令,新建一个文件。在工具箱中选择矩形工具,绘制一个矩形,在属性栏【对象大小】数值框中输入"200mm×50mm",得到图 3-16 所示效果。

图 3-16

（2）选择工具箱中的椭圆工具，按住 Ctrl 键绘制一个正圆，然后用矩形工具绘制一个矩形，单击属性栏中的【修剪】按钮，选中矩形，按 Delete 键将其删除，得到图 3-17 所示半圆。

图 3-17

（3）选中半圆，按 + 键复制，移动至另一端，执行【排列/对齐和分布/底端对齐】命令。选择工具箱中的交互式调和工具，将 a 图拖至 b 图，设置属性栏中的步长为 15，得到图 3-18 所示效果。

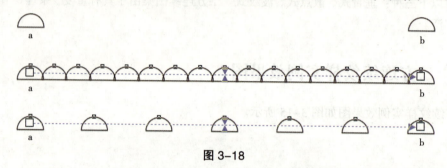

图 3-18

（4）将半圆移至矩形的上边缘，分别选中首尾半圆，利用方向键 ←、→ 可以调节位置。选中半圆，右击执行【拆分调和群组】命令，按 Ctrl+K 快捷键将其群组。选中半圆和矩形，单击属性栏中的【合并】按钮，将对象合并，得到图 3-19 所示效果。

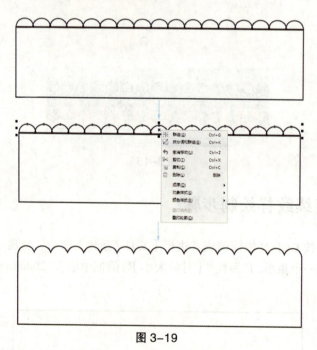

图 3-19

（5）选中对象，按 + 键复制，单击属性栏中的【垂直镜像】按钮，将其向下移动。全选对象，执行【排列/对齐和分布/左对齐】命令，单击【合并】按钮，得到图 3-20 所示效果。

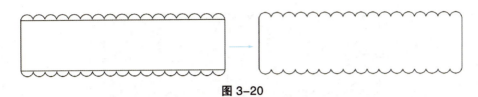

图 3-20

（6）绘制单元图案。选择工具箱中的星形工具，在属性栏的【边数】数值框中输入数值"5"，按住 Ctrl 键绘制一个正五角星。选择工具箱中形状工具，按住 Ctrl 键，选中任意一个节点向外拖动。选中对象后，将属性栏中的【边数】数值改为 50，得到图 3-21 所示效果。

图 3-21

（7）选中对象后，按+键复制，配合 Shift 键进行等比例缩放，重复此操作，得到图 3-22 所示效果。

（8）为对象填充颜色，选中对象，在右边【颜色栏】中右击，去掉外轮廓色，执行属性栏中的群组命令，得到图 3-23 所示效果。

图 3-22　　　　　　　　　　　　图 3-23

（9）将单元图案放置在底板中调整。选中单元图案，移动至底板中，复制后再水平移动。执行【视图/辅助线】命令，在页面中拖出两条垂直辅助线，放置在底板的首尾。将左边单元图案中心对齐左边辅助线，右边单元图案中心对齐右边辅助线（图 3-24）。

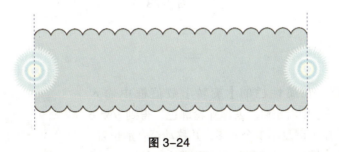

图 3-24

（10）选择工具箱中的交互式调和工具，进行单元图案的调和，设置属性栏中的步长 4，可以调节疏密，右击执行【拆分调和群组】命令（图 3-25）。

第三章

图案绘制实例

图 3-25

（11）添加纹样内容。选择工具箱中的椭圆工具，拖拉绘制一个椭圆。选中椭圆，右击执行【转换为曲线】命令；选择工具箱中的形状工具，右击椭圆的上弧线，执行【到直线】命令，调整下弧线至合适位置，得到图 3-26 所示效果。

（12）选中对象，按 + 键复制，配合 Shift 将等比例缩小，重复操作并填充不同颜色，执行【排列/对齐和分布/顶端对齐】命令，按 Ctrl+G 快捷键群组，得到效果 c 图（图 3-27）。

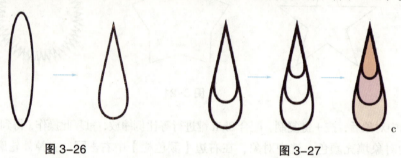

图 3-26　　　　　　　　　图 3-27

（13）单击 c 图，进入旋转状态，拖动中心点至对象上方合适位置，执行【窗口/泊坞窗/变换/旋转】命令，打开对话框，在对话框中设置旋转角度为 72，多次单击【应用到再制】按钮，选中所有图形，按 Ctrl+G 快捷键群组，得到效果 d 图（图 3-28）。

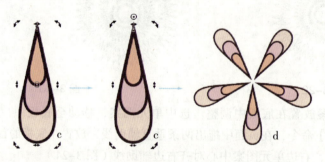

图 3-28

（14）选中 d 图，在属性栏的【旋转】数值框中输入 180，在右边【颜色栏】中右击☒，去掉外轮廓色，得到效果 e 图，并移至底板中。按 + 键复制多个 e 图，并移动至合适位置。选中所有 e 图，执行【排列/对齐和分布/顶端对齐】命令（图 3-29）。

图 3-29

（15）选中所有 e 图，按 Ctrl+G 快捷键群组整个 e 图，按 + 键复制，单击属性栏中的【垂直镜像】按钮，将其移动至下方合适位置（图 3-30）。

图 3-30

（16）选择工具箱中的矩形工具，绘制两个矩形，边缘分别对齐两条辅助线。选中左边的矩形和下方的图案，单击属性栏中的【修剪】按钮。按照同样的方法，修剪右边的图案（图 3-31）。

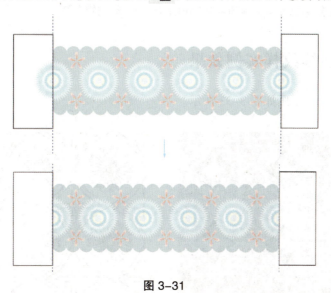

图 3-31

（17）选中矩形，按 Delete 键将其删除，得到最后效果如图 3-32 所示。

图 3-32

第三节 四方连续绘制实例

四方连续是由一个纹样或几个纹样组成一个单位,向四周重复地连续和延伸扩展而成的图案形式。按照基本骨式变化有散点式、连缀式、重叠式。四方连续的排列比较复杂,它不仅要求纹样造型严谨生动、主题突出、层次分明、穿插得当,还必须注意连续后所产生的整体艺术效果。四方连续的常见排法有梯形连续、菱形连续和四切(方形)连续等。

一、四方连续纹样实例效果

四方连续纹样实例效果图如图 3-33 所示。

图 3-33

二、四方连续纹样绘制步骤

(1)绘制基本图案。按 Ctrl+N 快捷键或者执行【文件/新建】命令,新建一个文件。

(2)选择工具箱中的椭圆工具 ,配合 Ctrl 键绘制一个正圆形。重复此操作,绘制一个小的正圆形,并移动至合适位置。选中两个圆形,执行【排列/对齐和分布/垂直居中对齐】命令(图 3-34)。

图 3-34

(3)单击上方小的圆形,进入旋转状态,拖动中心点至大圆形的中心位置,执行【窗口/泊坞窗/变换/旋转】命令,打开对话框,在对话框中设置旋转角度为 18°,多次单击【应用到再制】按钮(图 3-35)。

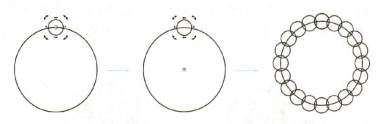

图 3-35

（4）选中所有对象，单击属性栏中的【合并】按钮 ，按 + 键复制，配合 Shift 键等比例缩放，得到效果 a 图（图 3-36）。

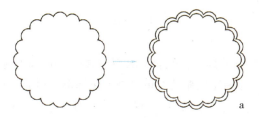

图 3-36

（5）选择工具箱中的复杂星形工具，配合 Ctrl 键绘制一个正星形，放置于 a 图中合适位置，执行【排列/对齐和分布/垂直居中对齐】命令，再执行【排列/对齐和分布/水平居中对齐】命令，得到图案 b。选中星形图案，按 + 键复制，并配合 Shift 键将其等比例缩放，重复操作，得到图案 c。填充不同的颜色，得到图案 d（图 3-37）。

图 3-37

（6）选择工具箱中的椭圆工具，绘制一个椭圆，右击执行【转换为曲线】命令。选择工具箱中的形状工具，右击椭圆的下弧线，执行【到直线】命令；右击椭圆上弧线，执行【到曲线】命令，调整至合适，在属性栏的【旋转】数值框中输入数值 18，并填充为"白色"，得到效果 e 图（图 3-38）。

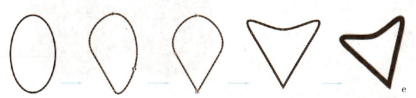

图 3-38

(7）将e图移至d图合适位置，单击e图，进入旋转状态，拖动中心点至d图的中心位置，执行【窗口/泊坞窗/变换/旋转】命令，打开对话框，在对话框中设置旋转角度为36°，多次单击【应用到再制】按钮，得到图3-39所示效果。

图3-39

（8）选择工具箱中的椭圆工具，配合Ctrl键在图案中心位置绘制一个小正圆形。按+键复制圆形，并配合Shift键将其等比例缩放，单击外圈正圆形，填充为白色。选中所有对象，执行【排列/对齐和分布/垂直居中对齐】命令，再执行【排列/对齐和分布/水平居中对齐】命令，按Ctrl+G快捷键群组，得到图3-40所示效果。

图3-40

（9）选中群组后的对象，在属性栏中查看其尺寸大小。执行【窗口/泊坞窗/变换/位置】命令，打开面板，在水平位置（x）输入数值"11.489mm"，单击【应用到再制】按钮，得到图3-41所示效果。

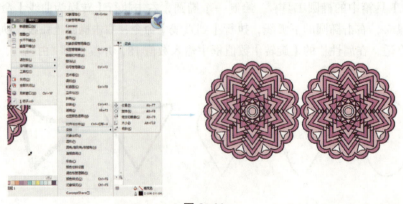

图3-41

（10）全选对象，在右侧面板中垂直位置（y）输入数值"-11.489mm"，并按 Ctrl+G 快捷键群组（图3-42）。

（11）选择工具箱中的多边形工具，在属性栏中【边数】数值框中输入"4"，在空隙处绘制一个四边形，选择形状工具，配合 Shift 键将其修改成锐角菱形，并填充颜色，选择工具箱中交互式轮廓图工具，设置属性栏中的轮廓步长为3，轮廓图偏移为0.3，单击属性栏中的轮廓色按钮，选择【顺时针轮廓色】命令，得到图3-43所示效果。

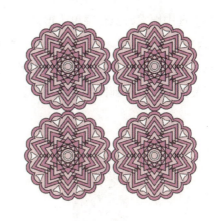

图 3-42

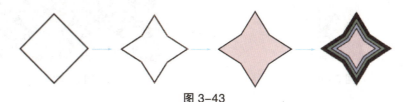

图 3-43

（12）选中全部对象，执行【排列/对齐和分布/垂直居中对齐】命令，再执行【排列/对齐和分布/水平居中对齐】命令，按 Ctrl+G 快捷键群组，得到图3-44所示效果。

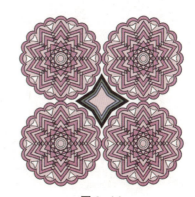

图 3-44

（13）选择工具箱中的矩形工具，绘制一个11.489mm×11.489mm的正方形。选中图案，执行【效果/图框精确裁剪/置于图文框内部】命令，在右边【颜色栏】中右击☒，去掉正方形的外轮廓色，得到图3-45所示效果。

图 3-45

（14）选中图案，执行菜单【窗口/泊坞窗/变换/位置】命令，打开面板，在垂直位置（y）输入数值"-11.489mm"，重复此操作，按 Ctrl+G 快捷键群组得到图 3-46 所示效果。

（15）选中图案，在右侧面板中水平位置（x）输入数值"11.489mm"，单击【应用到再制】按钮，重复此操作，得到图 3-47 所示效果。

图 3-46

图 3-47

【思考习题】

1. 如何应用及操作变形工具的推拉变形、拉链变形、扭曲变形？

2. 如何绘制有规律的花卉图案？

3. 如何利用所学工具绘制适合纹样？

4. 完成图 3-48 所示图案的绘制。

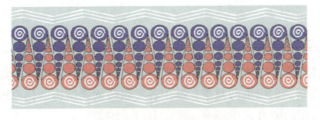

图 3-48

第四章　服装平面款式图绘制实例

知识目标

　　了解不同类型服装款式的概念及特点。测量与服装结构相关的人体关键部位，熟记各类服装的结构制图与工艺特点，如：裤子、衬衫、西服的特征、规格设计、制图要点与制图步骤。掌握各类服装款式原型及其廓型结构变化及绘制方法。

技能目标

　　充分理解各类服装结构设计原理，掌握各类服装变化款的结构设计与纸样制作能力，达到专业制图的标准与规范。基于各类服装款式结构变化原理，从而达到举一反三、灵活运用的能力。

情感目标

　　培养学生建立服装与人体之间的联系，学会观察分析不同服装款式之间的差异，并能利用 CorelDRAW 软件绘制出来，提高学生的审美和表达能力。

思维导图

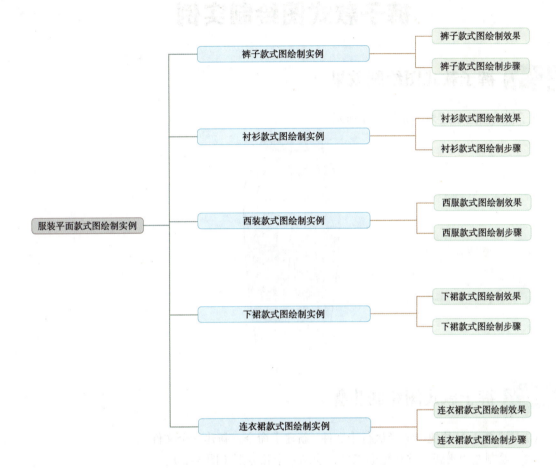

第一节
裤子款式图绘制实例

一、裤子款式图绘制效果

裤子款式图绘制效果图如图 4-1 所示。

图 4-1

二、裤子款式图绘制步骤

（1）按 Ctrl+N 快捷键或者执行【文件/新建】命令，新建一个文件。
（2）绘制左边裤腿。选择矩形工具，绘制一个长方形（图 4-2）。
（3）选择形状工具，添加节点，绘制出一侧裤腿大致形状（图 4-3）。
（4）右击执行【转换为曲线】命令，配合形状工具添加节点、修改，绘制出一侧裤腿大致形状（图 4-4 和图 4-5）。

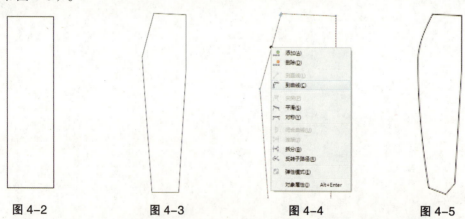

图 4-2　　　　　图 4-3　　　　　图 4-4　　　　　图 4-5

第一节 裤子款式图绘制实例

（5）复制镜像裤腿。选中已绘制完成的裤腿，拖动并右击复制，单击属性栏中的【水平镜像】按钮，并移至合适位置。如果对位置不满意，可执行【排列/对齐/顶端对齐】命令（图4-6）。

（6）按住 Shift 键，选中左右两个裤腿，单击属性栏中的【合并】按钮。合并左右裤腿。

（7）绘制口袋。选择矩形工具，绘制一个长方形，配合 Shift 键，复制一个小一点的长方形（图4-7），将外框改为虚线（图4-8）。

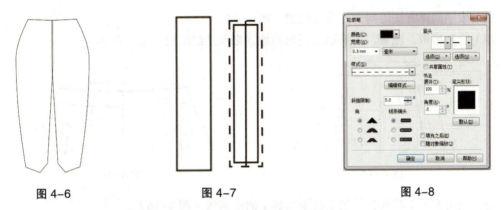

图 4-6　　　　　图 4-7　　　　　图 4-8

（8）选中对象，右击执行【群组】命令，设置旋转参数为345，放置在合适位置（图4-9）。

（9）拖动并右击复制口袋，执行【水平镜像】命令（图4-10）。

（10）使用钢笔工具绘制裤腿中线，拖动并右击复制，执行【水平镜像】命令，得到图4-11所示效果。

图 4-9　　　　　图 4-10　　　　　图 4-11

（11）添加腰头。首先利用形状工具对最上横线做调整，再用矩形工具配合形状工具完成腰头的绘制（图4-12）。

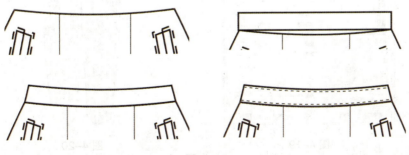

图 4-12

(12)按照同样方法绘制裤子的里衬部分（图4-13）。

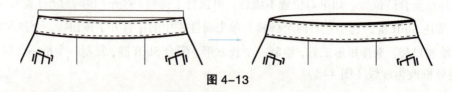

图4-13

(13)按照同样方法绘制裤裆线及门襟（图4-14）。

(14)绘制串带。注意，需要填充颜色的地方必须是封闭的对象（图4-15）。

图4-14　　　　　　　　　图4-15

(15)利用钢笔工具配合形状工具添加裤子的褶皱线（图4-16）。

(16)按F12键，打开【轮廓笔】对话框（图4-17），设置外轮廓线、内线、虚线（图4-18）。

 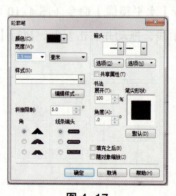 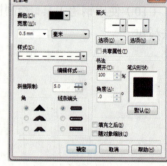

图4-16　　　　　图4-17　　　　　图4-18

(17)进行底纹填充。选中裤腿和腰头部分，选择填充工具，打开【底纹填充】对话框，设置参数（图4-19），完成后单击【确定】按钮，得到图4-20所示效果。

图4-19　　　　　　　　　图4-20

（18）选中对象，选择填充工具 ，打开【均匀填充】对话框，选中色块，完成后单击【确定】按钮，得到图 4-21 所示效果。

（19）最后对所绘制裤子做效果调整（图 4-22）。

图 4-21

图 4-22

第二节
衬衫款式图绘制实例

一、衬衫款式图绘制效果

衬衫款式图绘制效果如图 4-23 所示。

图 4-23

二、衬衫款式图绘制步骤

（1）按 Ctrl+N 快捷键或者执行【文件/新建】命令，新建一个文件。

（2）绘制左边衣身部分。选择矩形工具，绘制一个长方形（图 4-24）。

（3）选择"形状"工具 添加节点，绘制出一侧衣身大致形状。（图 4-25）。

（4）右击执行【转换为曲线】命令，配合形状工具添加节点、修改，绘制出一侧衣身大致形状（图 4-26）。

（5）用相同方法绘制完成左边袖子外轮廓（图 4-27）。

图 4-24　　　　图 4-25

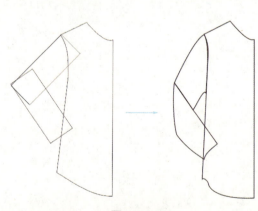

图 4-26　　　　图 4-27

（6）绘制袖口。利用矩形工具▫绘制两个矩形，对其进行适当的旋转。选择形状工具，添加节点，右击执行【转换为曲线】命令，配合形状工具添加节点、修改，绘制袖口部分（图4-28）。

（7）利用钢笔工具将虚线部分绘制完毕，并按F12键对线条进行设置。

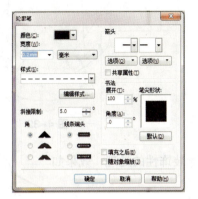

图 4-28

（8）利用相同方法，绘制完成其他的细节部分（图4-29）。

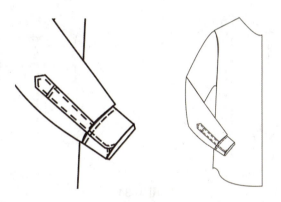

图 4-29

（9）绘制左边领子。选择钢笔工具，沿着领口绘制一个封闭的区域（蓝色线）。利用形状工具进行调整、修改。利用钢笔工具绘制一条领子翻折线（红色线），如图4-30所示。

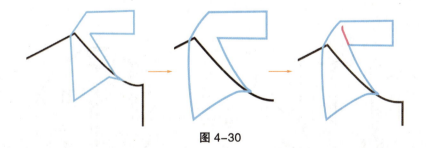

图 4-30

（10）选中所有绘制的左边衣身部分，将其拖动并右击复制，单击属性栏中的【水平镜像】按钮，并移至合适位置。如果对位置不满意，可执行【排列/对齐/顶端对齐】命令（图4-31）。

（11）分别选中领子和衣身两个部分，单击属性栏中的【合并】按钮，效果如图4-32所示。完成效果后对细节部分做稍微的修改。

图 4-31　　　　　　　　　图 4-32

（12）利用钢笔工具对领部细节部分做装饰性的处理，效果如图 4-33 所示。

（13）利用钢笔工具对衣身细节进行完善。

（14）利用椭圆形工具，配合 Shift+Ctrl 快捷键绘制纽扣部分，对衣身细节进行完善（图 4-34）。

图 4-33

图 4-34

（15）利用 3 点曲线工具绘制衣身上的褶皱线（图 4-35）。

（16）绘制口袋。选择矩形工具，绘制一个长方形，配合形状工具，完成口袋的绘制（图 4-36）。

（17）完成后执行【排列/顺序】命令，将所有遮挡关系整理一下。

图 4-35　　　　　　　　　图 4-36

（18）绘制图案。利用矩形工具▫绘制一个矩形，在矩形框内不停绘制多个矩形框，并利用均匀填充工具▪对多个矩形填充不同颜色。完成后将各个矩形的外轮廓线去除，得到图4-37所示效果。

图 4-37

（19）选中全部对象，右击执行【群组】命令，将对象群组之后，拖动并右击复制，设置旋转参数为90，透明效果可通过执行【效果/透镜】命令来得到，如图4-38所示。

（20）选中两个对象，执行【排列/对齐/左边对齐】命令，并群组。复制四个再进行对齐、群组，得到图4-39所示效果。

图 4-38

图 4-39

（21）图案填充对象。选中做好的格子图案，执行【效果/图框精确裁剪/置于图文框内部】命令，经过多次放置得到最后效果（图4-40）。

图 4-40

注意：

图案要按区域放置，如果对效果不满意可先旋转图案再放置在对象中。

第三节 西装款式图绘制实例

一、西装款式图绘制效果

西装款式图绘制效果图如图 4-41 所示。

图 4-41

二、西装款式图绘制步骤

（1）按 Ctrl+N 快捷键或者执行【文件/新建】命令，新建一个文件。

（2）绘制左边衣身部分。选择矩形工具，绘制一个长方形（图 4-42）。

（3）选择形状工具，添加节点，绘制出一侧衣身大致形状（图 4-43）。

（4）右击执行【转换为曲线】命令，配合形状工具添加节点、修改，绘制出一侧衣身大致形状（图 4-44）。

图 4-42

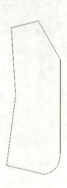

图 4-43

图 4-44

（5）用相同方法绘制完成左边袖子外轮廓（图4-45）。

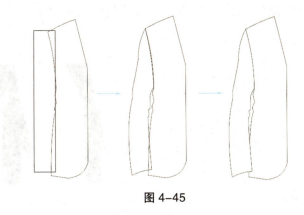

图4-45

（6）用相同方法绘制左边衣领（图4-46）。

图4-46

（7）选中绘制的所有左边衣身部分，将其拖动并右击复制，单击属性栏中的【水平镜像】按钮 钮，并移至合适位置。如果对位置不满意，可执行【排列/对齐/顶端对齐】命令（图4-47）。

（8）分别选中领子和衣身两部分，单击属性栏中的【合并】按钮 效果如图4-48所示。完成效果后对细节部分做稍微的修改。

（9）利用形状 工具，将衣领部分的节点删除，调整至合适效果（图4-49）。

图4-47

图4-48

图4-49

（10）绘制衣片遮挡关系。复制衣身部分，选择钢笔工具，绘制线段，如图 4-50 所示。

（11）链接节点，选择形状工具，不断放大到需要修整的部分，配合 Shift 键，选中红色和蓝色两个节点，执行【排列/造型/合并】命令，得到图 4-51 所示效果。

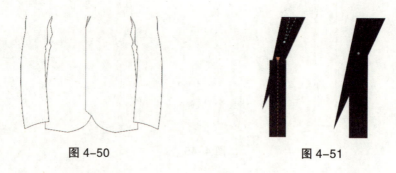

图 4-50　　　　　　　图 4-51

（12）用同样的方法，对下摆的三个节点进行调整（图 4-52 和图 4-53）。

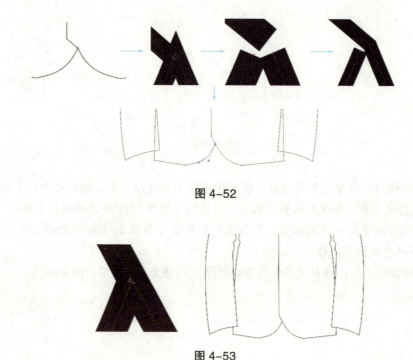

图 4-52

图 4-53

（13）复制衣片并将其移开，选中衣片，用形状工具分别单击需要线段的两端节点，然后单击属性栏中的【断开曲线】按钮。回到选中状态，按 Ctrl+K 快捷键，执行【打散曲线】命令，重新选中打散的部分拖动开来。

（14）用同样方法将需要的线段全部打散出来，其余部分删除（图 4-54）。

图 4-54

（15）将这些线段移回衣身部分，调整至合适的位置。选中线段，按 F12 键设置轮廓笔参数（图 4-55），效果如图 4-56 所示。

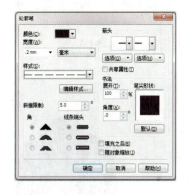

图 4-55　　　　　　　　　　　　　　图 4-56

（16）绘制口袋。利用矩形工具绘制长方形，调整它的旋转角度。选择形状工具，单击对象，配合 Shift 键选中口袋底部的两个点，同时配合 Shift 键拖动效果，图 4-57 所示。

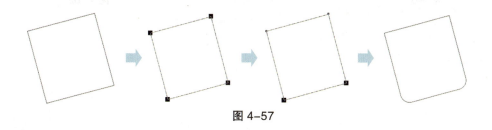

图 4-57

（17）复制口袋，执行【水平镜像】命令 ，并填充白色，移至合适位置，执行【排列 / 顺序 / 置于此对象后】等命令，调整其与袖子、衣身之间的关系（图 4-58）。

（18）用同样的方法绘制其他口袋（图 4-59）。

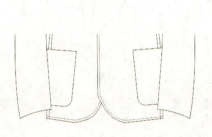

图 4-58　　　　　　　　　图 4-59

（19）填充颜色。选中对象，选择填充工具里的【均匀填充】命令，选中颜色，即可对对象进行填充（图 4-60）。

（20）选中西装里衬部分，用同样方法填充一个比较深的颜色（图 4-61）。

（21）完善西服的其他细节部分，效果如图 4-62 所示。

图 4-60　　　　　　　　图 4-61　　　　　　　　图 4-62

第四节 下裙款式图绘制实例

一、下裙款式图绘制效果

下裙款式图绘制效果如图4-63所示。

图4-63

二、下裙款式图绘制步骤

（1）按Ctrl+N快捷键或者执行【文件/新建】命令，新建一个文件。

（2）绘制下裙。选择【矩形】工具，绘制两个长方形（图4-64）。

（3）选择形状工具，修改节点，绘制出裙身大致形状（图4-65）。

（4）右击执行【转换为曲线】命令，配合形状工具添加节点、修改，绘制出裙身大致形状（图4-66）。

图4-64

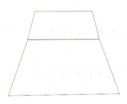

图4-65

图4-66

（5）拖动并右击复制裙子的上半部分，选择形状工具，配合Shift键选中顶端左右的两个节点，单击属性栏中的【断开曲线】按钮。回到选中状态，按Ctrl+K快捷键，执行【打散曲线】命令，重新选中打散的部分拖拉开来。下端使用同样的方法，也将其打散出来。（图4-67）

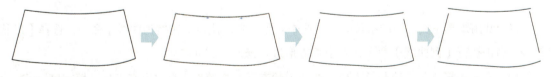

图4-67

（6）将打散的线段移至合适的位置，选中线段，按 F12 键，设置轮廓笔参数，效果如图 4-68 所示。

（7）用钢笔工具将装饰线绘制完成，同上设置线段效果（图 4-69）。

图 4-68　　　　　　　　　　　　图 4-69

（8）绘制一个长方形，双击鼠标拖拽，进行适当旋转，放回合适位置（图 4-70）。

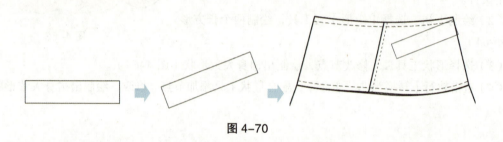

图 4-70

（9）选中长方形，选择形状工具进行节点修整，完成效果后配合 Shift 键复制一个相同形状，并进行轮廓线虚线设置（图 4-71）。

（10）用同样的方法绘制另一边，完成后填充白色，并执行【排列/顺序/到此对象前】命令调整它们之间的遮挡关系（图 4-72）。

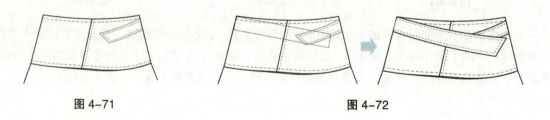

图 4-71　　　　　　　　　　　　图 4-72

（11）利用矩形工具绘制小长方形，选中对象，右击执行【转换为曲线】命令。选择【形状】工具，右击执行【到曲线】命令，对小长方形进行修改（图 4-73）。

（12）利用矩形工具绘制长方形，在选中状态下选择填充/均匀填充工具，填充颜色，去除轮廓线，执行【位图/转换为位图】命令，效果如图 4-74 所示。

图 4-73

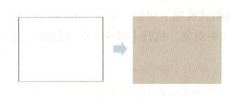
图 4-74

（13）选中位图，分别执行【位图/杂点/添加杂点】【位图/模糊/高斯式模糊】命令（图 4-75）。

（14）将完成效果整个填充在裙子的上半部分，并给裙子的下半部分均匀填充色块（图 4-76）。

图 4-75

图 4-76

（15）选择钢笔工具，绘制线段，配合 Shift 键拖动并右击复制线段，选择调和工具 ，设置步长为 65，得到效果后选中对象复制并旋转，效果如图 4-77 所示。

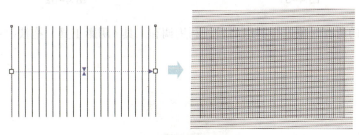
图 4-77

（16）改变其颜色，群组后执行【效果/图框精确裁剪/置于图文框内部】命令，效果如图 4-78 所示。

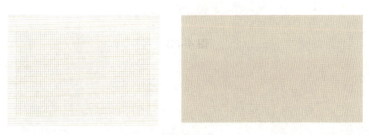
图 4-78

（17）执行【位图/转换为位图】命令，选中位图，分别执行【位图/杂点/添加杂点】【位图/模糊/高斯式模糊】设置，效果如图4-79所示。

（18）选中对象，执行【效果/图框精确裁剪/置于图文框内部】命令，效果如图4-80所示。

图4-79

图4-80

（19）选择艺术笔工具，挑选比较适合的笔触，绘制裙子上的褶皱线的暗部，完成之后更换颜色，效果如图4-81所示。选择3点曲线工具，绘制裙子上的褶皱线，最后效果如图4-82所示。

图4-81

图4-82

（20）对绘制的所有对象进行群组之后，利用调和工具/阴影工具，拖拽出一个阴影，效果如图4-83所示。

图4-83

第五节
连衣裙款式图绘制实例

一、连衣裙款式图绘制效果

连衣裙款式图绘制效果如图 4-84 所示。

图 4-84

二、连衣裙款式图绘制步骤

（1）按 Ctrl+N 快捷键或者执行【文件 / 新建】命令，新建一个文件。

（2）选择矩形工具▢，绘制一个长方形。

（3）选择形状工具，修改节点，右击执行【转换为曲线】命令，配合形状工具添加节点、修改，绘制裙身大致形状（图 4-85）。

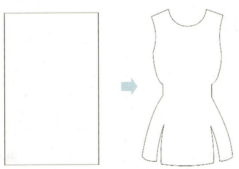

图 4-85

（4）选择工具箱中的钢笔工具，分别绘制位于裙子后片的领部、袖口和下摆部分，然后执行【排列 / 顺序 / 到页面后面】命令。选中裙身，填充白色，效果如图 4-86 所示。

图 4-86

（5）利用矩形工具绘制腰带部分，通过形状工具稍调整位置（图 4-87）。

（6）利用矩形工具绘制腰带装饰部分，双击之后进行调整，选中三个对象，右击【群组】命令，拖动并右击复制，执行【水平镜像】命令，将完成的两个对象分别移至合适位置（图 4-88 和图 4-89）。

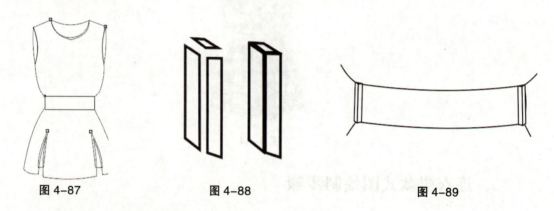

图 4-87　　　　　　　图 4-88　　　　　　　图 4-89

（7）方法同上，将腰带的其他部分绘制完成（图 4-90）。

（8）利用三点曲线工具，完成裙身部分的线条绘制（图 4-91）。

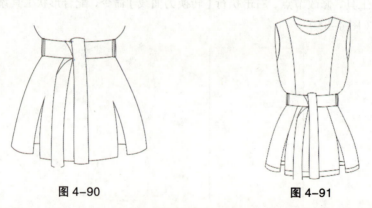

图 4-90　　　　　　　图 4-91

（9）绘制图案。按 Shift+Ctrl 快捷键，绘制两个三角形。选中两个对象，执行【修剪】命令，并填充颜色，效果如图 4-92 所示。

（10）利用矩形工具绘制小矩形，配合 Shift 键复制另一个，通过调和工具，得到效果，其他的两边可以通过对调和对象的复制、旋转得到最终效果（图 4-93）。

图 4-92　　　　　　　　　　　图 4-93

（11）利用钢笔工具绘制三个三角形，用同样的方法绘制里面的线段效果，执行【效果 / 图框精确裁剪 / 置于图文框内部】命令，将其群组，放至合适位置，再与大三角群组得到一个基本型效果（图 4-94）。

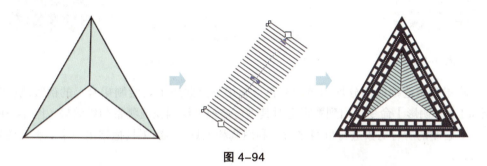

图 4-94

（12）用同样的方法绘制另外一个基本型（图 4-95）。
（13）对对象重复执行复制、粘贴、对齐、群组等命令，完成填充图案的绘制（图 4-96 和图 4-97）。

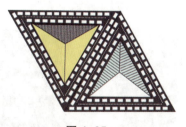

图 4-95

图 4-96

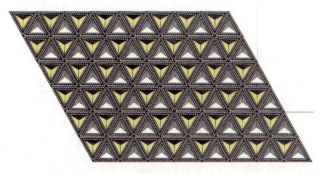

图 4-97

（14）选中图案，执行【效果 / 图框精确裁剪 / 置于图文框内部】命令，效果如图 4-98 所示。

（15）分三次选中腰带部分，执行【填充工具 / 渐变填充】命令，在【渐变填充】对话框中设置相关对象，单击【确定】按钮后在对象上拖动，效果如图 4-99 所示。

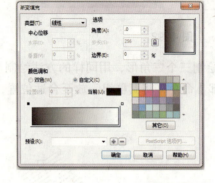

图 4-98　　　　　　　　　　　　　　　　　　　图 4-99

（16）将裙身被遮挡的部分均匀填上灰色，利用三点曲线工具绘制裙身上的褶皱线，完成后执行【调和工具 / 阴影】命令，回到腰带上对其进行拖拽，绘制完成腰带阴影效果（图 4-100）。

（17）对绘制的所有对象进行群组之后，利用调和工具 / 阴影工具拖拽出一个阴影，效果如图 4-101 所示。

图 4-100　　　　　　　　　　　　　　　　　　　图 4-101

【思考习题】

1. 绘制连体裤。

2. 绘制 T 恤衫。

3. 绘制风衣。

第五章　服装面料绘制实例

 知识目标

　　了解不同面料的组织方式、质感及类型，理解不同面料的组织方式、构成要素，掌握不同面料的质感特性及结构原理。学习利用 CorelDRAW 软件绘制各类面料的步骤。

 技能目标

　　熟练地掌握 CorelDRAW 软件绘制各类面料的方法，达到企业结构制图的规范与标准。掌握利用电脑软件各工具绘制各面料的能力。

 情感目标

　　充分理解各面料设计原理，培养学生利用电脑各工具绘制各类面料的能力，从而掌握各面料的结构变化原理，培养举一反三、灵活运用的能力，为后期的服装设计打好基础。

思维导图

第一节
牛仔面料绘制实例

 牛仔面料实例效果图

牛仔面料实例效果如图 5-1 所示。

 牛仔面料绘制步骤

（1）按 Ctrl+N 快捷键新建文件（图 5-2）。

（2）选择矩形工具□（快捷键为 F6），绘制一个 100mm×100mm 的正方形。

（3）打开【均匀填充】对话框（快捷键 Shift+F11）按图 5-3 所示参数设置，单击【确定】按钮，将设置好的牛仔色填充在方框内。

（4）选择矩形工具绘制一个细条矩形，单击【颜色栏】中的■色块，右击⊠去掉轮廓色。在属性栏的【旋转】数值框中输入数值"45.0"。

（5）拖动细条矩形至相应位置，右击复制该细条矩形，将二者分别移至正方形的左上角和右下角（图 5-4）。

图 5-1

图 5-2

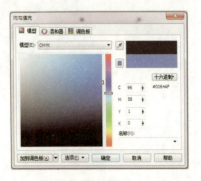

图 5-3

图 5-4

（6）选择工具箱中的交互式调和工具，在属性栏中设置步长70（可根据实际效果增加或减少）（图5-5）。

（7）将调和的对象与底部的框错开，选中这部分的调和对象，执行【效果/图框精确裁剪/置于图文框内部】命令，放置在方形中（图5-6）。

（8）执行【效果/图框精确裁剪/内容居中】命令，得到图5-7所示效果。

图5-5　　　　　　　图5-6　　　　　　　图5-7

（9）选中对象，执行【位图/转换为位图】命令，打开【转换为位图】对话框（图5-8），参数设置完成后单击【确定】按钮，此时对象由原来的矢量图转换成位图。

（10）选中位图，执行【位图/杂点/添加杂点】命令，打开【添加杂点】对话框（图5-9），设置完成后单击【确定】按钮。

图5-8　　　　　　　　　　　　　图5-9

> 注意：
> 添加杂点效果可通过预览来观看，如对效果不满意可进行二次添加杂点。

（11）选择工具箱中的椭圆工具，绘制一个椭圆，填充灰色并去掉轮廓色。选中椭圆，执行【位图/转换为位图】命令，打开【转换为位图】对话框，参数设置完成后单击【确定】按钮，效果如图5-10所示。

图5-10

（12）选中椭圆，执行【位图/模糊/高斯式模糊】命令，打开【高斯式模糊】对话框（图5-11），参数设置完成后单击【确定】按钮，得到图5-12所示效果，参数设置可以通过预览来调节。

图5-11

图5-12

（13）选中曲线，选择工具箱中的艺术笔工具，在【预设笔触列表】中选择一个笔触（图5-13），填充灰白色，去掉轮廓色，并执行【位图/转换为位图】命令（图5-14和图5-15）。

图5-13

图5-14

图5-15

（14）选中艺术笔，执行【位图/模糊/高斯模糊】命令，打开【高斯式模糊】对话框，设置半径为19.0像素，单击【确定】按钮（图5-16）。

图5-16

（15）按住该效果，执行拖动、复制、缩放等命令后，得到图5-17所示效果。如对效果不满意，还可继续使用杂点和模糊等命令。

图5-17

第二节 呢子面料绘制实例

一、呢子面料实例效果图

呢子面料实例效果图如图 5-18 和图 5-19 所示。

图 5-18

图 5-19

二、人字呢面料绘制步骤

（1）按 Ctrl+N 快捷键新建文件。选择矩形工具（快捷键为 F6），绘制一个 30mm × 30mm 的正方形，在属性栏中设置轮廓宽度为 1mm，旋转角度为 45°。效果如图 5-20 所示。

（2）选择矩形工具，再绘制一个长方形，位于正方形的上方，长方形底边对准菱形的对角线（图 5-21）。

（3）同时选中长方形和正方形，执行属性栏中的【修剪】命令 ，正方形上半部分被剪掉，形成三角形，然后删除上方的长方形（图 5-22 和图 5-23）。

（4）选中三角形，执行【排列/将轮廓转换为对象】命令，此时三角形原来的线条轮廓线转换成由多个节点组成的对象（图 5-24）。

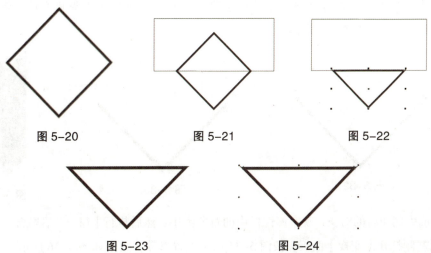

图 5-20　　　　图 5-21　　　　图 5-22

图 5-23　　　　图 5-24

（5）选择形状工具，按Shift键选中红色处的4个节点（图5-25），单击属性栏中的【断开曲线】按钮（图5-26）。

（6）右按钮击右方【颜色栏】中的黑色色块，添加轮廓色（图5-27）。

（7）选中三角形，右击执行【拆分曲线】命令，选中线段A和B，按Delete键将其删除（图5-28和图5-29）。

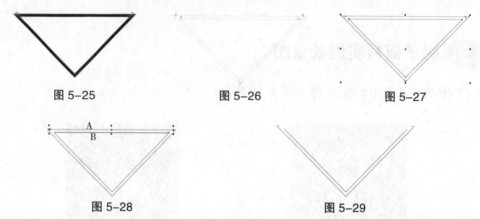

图5-25　　　　　图5-26　　　　　图5-27

图5-28　　　　　图5-29

（8）全选剩余的对象，执行【排列/合并】命令（图5-30），选择形状工具，将B点拖至A点上，将D点拖至C点上，断开的线段可直接闭合（图5-31）。

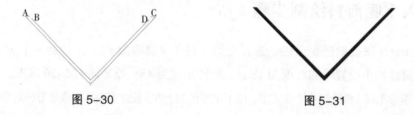

图5-30　　　　　图5-31

（9）选择矩形工具，绘制两个矩形，位于两端，如图5-32所示（注：运用辅助线可以很好地帮助确定位置的对齐）。分别选中矩形和填充对象后，单击属性栏中的【修剪】按钮，移除矩形，得到图5-33所示效果。

（10）选中对象后，右击复制，并垂直移动至下方，选择交互式调和工具，将步长设置为50，进行调和，效果如图5-34所示。

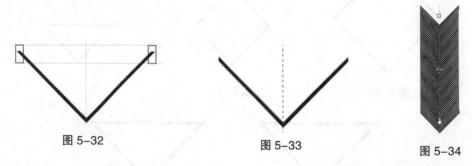

图5-32　　　　　图5-33　　　　　图5-34

（11）选中调和后的对象，观察属性栏中的对象大小，然后执行【窗口/泊坞窗/变换/位置】命令，对象左侧打开【变换】面板，按图5-35所示设置参数，效果如图5-36所示。

第二节 呢子面料绘制实例

图 5-35

图 5-36

（12）选择矩形工具，绘制一个 100mm × 100mm 的正方形，并填充深灰色（图 5-37）。

（13）选中斜纹，执行【效果/图框精确裁剪/置于图文框内部】命令，放置在正方形中（图 5-38）。

（14）选中精确裁剪后的对象，执行【位图/转换为位图】命令，并执行【添加杂点】和【模糊】等命令，得到面料效果图，如图 5-39 所示。

图 5-37

图 5-38

图 5-39

（15）如果对效果不满意，可以再对杂点和模糊进行调整，最终效果如图 5-40 所示。

图 5-40

 三、花灰呢面料绘制步骤

（1）按 Ctrl+N 快捷键新建文件。选择工具箱中的矩形工具（快捷键 F6），绘制一个 9mm × 3mm 的长方形。单击长方形，进入旋转状态，在画圈处向下拖动（图 5-41）。

（2）拖动到相应位置后右击，复制对象，配合 Ctrl 键垂直移动至下方合适位置，并填充不同的颜色，按 Ctrl+G 快捷键将对象群组（图 5-42）。

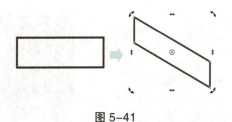

图 5-41

图 5-42

113

第五章

服装面料绘制实例

（3）将对象拖动到相应位置后右击，复制对象，并垂直移动至页面的下方，选择交互式调和工具，进行调和（图5-43）。

（4）选中调和后的对象，再次复制，执行【窗口/泊坞窗/变换/位置】命令，设置相应参数（图5-44），得到效果如图5-45所示。

（5）将对象移至合适位置（可运用方向键进行位置的微调），选中两个对象后执行【排列/对齐和分布/底端对齐】命令，按Ctrl+G快捷键群组对象，效果如图5-46所示。

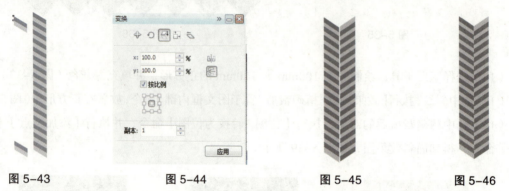

| 图5-43 | 图5-44 | 图5-45 | 图5-46 |

（6）选中对象，观察属性栏对象大小，执行【窗口/泊坞窗/变换/位置】命令，在打开的【变换】面板中设置水平数值18.247（图5-47），完成设置参数后单击【应用】按钮，全选对象后按Ctrl+G快捷键将其群组，效果如图5-48所示。

图5-47　　　　　　　　　　　　　　图5-48

（7）选择矩形工具，绘制一个100mm×100mm的正方形。将群组后的对象执行【效果/图框精确裁剪/置于图文框内部】命令，将其放置在正方形中（图5-49）。

（8）选中对象，执行【位图/转换为位图】命令，执行【高斯式模糊】和【杂点/添加杂点】命令（图5-50），完成后单击【确定】按钮，效果如图5-51所示。

图5-49　　　　　　　　　图5-50　　　　　　　　　图5-51

（9）选中位图，执行位图/扭曲/湿笔画命令，在打开的【湿笔画】对话框中设置各项参数，如图 5-52 所示。

（10）选中位图，执行【位图/扭曲/风吹效果】命令，在打开的【风吹效果】对话框中设置各项参数（图 5-53），完成后单击【确定】按钮，如图 5-53 所示。

图 5-52

图 5-53

第三节 格子面料的绘制实例

一、格子面料实例效果图

格子面料实例效果图如图 5-54 和图 5-55 所示。

图 5-54

图 5-55

二、毛呢格子面料绘制步骤

（1）选择工具箱中的矩形工具，绘制一个 100mm×100mm 的正方形，打开【均匀填充】对话框，填充颜色，并去掉外轮廓色（图 5-56）。

（2）选择钢笔工具，配合 Shift 键在正方形上方边缘处绘制一条水平线，移动复制到正方形的下方边缘，全选对象后执行【排列/对齐与分布/垂直居中对齐】命令（图 5-57）。

图 5-56

图 5-57

（3）选择工具箱中的交互式调和工具，设置步长为 5，按下 Ctrl+G 快捷键群组（图 5-58）。

（4）选中群组线条，移动复制，设置旋转角度为 90，按 Enter 键，选中所有对象，再次执行【排列/对齐与分布/垂直居中对齐】命令，效果如图 5-59 所示。

（5）选中横向和纵向线条，执行【效果/图像精确剪裁/放置在容器中】命令，将其放至在正方形中（图 5-60）。

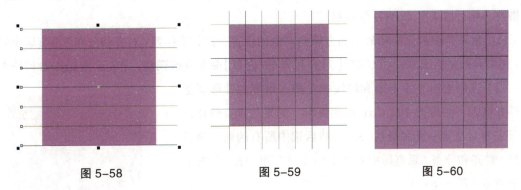

图 5-58　　　　　　图 5-59　　　　　　图 5-60

（6）选择工具箱中的矩形工具绘制一个小正方形，将其放置在左上角的方框中并设置参数，填充颜色，去掉外轮廓色。在其下方复制该正方形，移至合适位置，选中两个小正方形，执行【排列/对齐与分布/左边对齐】命令（图 5-61）。

（7）选择工具箱中的钢笔工具，在小正方形上各绘制一条对角线，选择交互式调和工具，进行对角线的调和，设置步长为 10（图 5-62）。

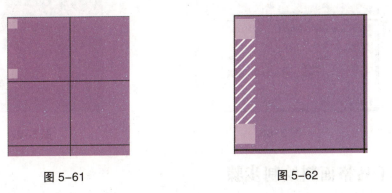

图 5-61　　　　　　　　　　图 5-62

（8）分别选择两个小正方形，右击执行【顺序/到页面前面】命令，按 Shift 键加选白色斜线条，按 Ctrl+G 快捷键将所选对象群组。

（9）选中群组后的对象，移动复制，移至右边合适位置，并执行【顶端对齐】命令。移动复制，设置旋转数值为 90，按 Enter 键，效果如图 5-63 所示。如果小正方形没有完全对齐，可以在选中对象后，右击执行【取消群组】命令，然后进行位置的微调，直到满意为止（图 5-64）。

图 5-63　　　　　　　　　　图 5-64

（10）选中所有小正方形和白色斜线条，按 Ctrl+G 快捷键将其群组，移动复制并移动至第二个方格内，然后按 4 次 Ctrl+D 快捷键。

（11）重新调整最上面和最下面方格内对象的位置，执行【排列 / 对齐和分布 / 垂直居中对齐】命令。如果对效果不满意，可以执行【对齐和分布 / 分布】命令进行调整，完成后按 Ctrl+G 快捷群组。

（12）选中群组小正方形和斜线条，按 + 键复制并移动至第二排方格内，然后按 4 次 Ctrl+D 快捷键。如果位置有偏移，同样只需要对准第一列和最后一列，然后选中所有的列，执行【排列 / 对齐和分布 / 垂直居中对齐】和【对齐和分布 / 分布】命令来调整（图 5-65）。

图 5-65

（13）全选对象，执行【位图 / 转换为位图】命令，执行【高斯式模糊】和【添加杂点】命令（图 5-66），效果如图 5-67 所示。

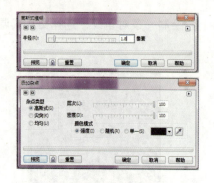

图 5-66

图 5-67

三、千鸟格面料绘制步骤

（1）按 Ctrl+N 快捷键新建文件。选择工具箱中的矩形工具（快捷键为 F6），绘制一个 50mm×50mm 的正方形，设置旋转数值为 45（图 5-68）。

（2）选择工具箱中的矩形工具，绘制一个 15mm×70mm 的长方形，放置在正方形的左边。单击长方形，进入旋转状态，拖动中间的箭头向下移动至正方形边缘（图 5-69）。

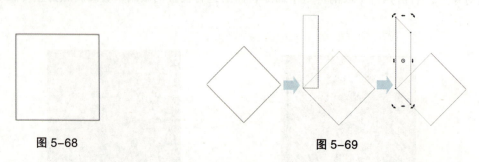

图 5-68　　　　　　　　　　图 5-69

（3）选中长方形，按 + 键复制，单击属性栏中的【水平镜像】按钮，并移动至正方形的右边。全选对象，单击属性栏中的【合并】按钮，效果如图 5-70 所示。

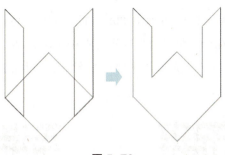

图 5-70

（4）选择工具箱中的矩形工具，绘制一个 20mm×70mm 的长方形，边缘与正方形的下方角点对齐。单击长方形，进入旋转状态，拖动中间的箭头移动正方菱形边（图 5-71）。

（5）选中长方形，移动并复制，单击属性栏中的【水平镜像】按钮，并移动至正方形的右边。全选对象，单击属性栏中的【合并】按钮，效果如图 5-72 所示。

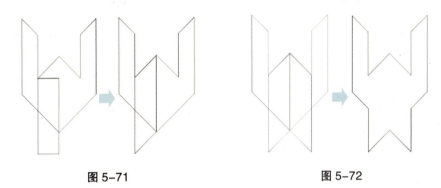

图 5-71　　　　　　　　　　　　　　图 5-72

（6）选中焊接后的对象，填充黑色，并旋转 315°，按 F12 快捷键，打开对话框，选中【按图像比例显示】复选框，单击【确定】按钮效果如图 5-73 所示。

（7）选中对象，配合 Shift 键等比例缩小。移动并复制，并垂直移动至页面的下方。选择工具箱中的交互式调和工具，设置步长 13。按 Ctrl+K 快捷键执行【打散调和群组】命令，然后按下快捷键 Ctrl+G 群组（图 5-74）。

（8）配合 Shift 键移动复制，水平移至页面的右边，然后应用交互式调和工具，得到图 5-75 所示效果。（注：在没有执行上一次调和的【打散调和群组】命令前提下，不可以进行第二次对象的调和操作）。

  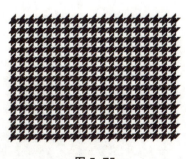

图 5-73　　　　　　　图 5-74　　　　　　　图 5-75

（9）选择矩形工具，绘制一个 100mm×100mm 的正方形。将群组后的对象执行【效果/图框精确裁剪/置于图文框内部】命令，将其放置在正方形中（图 5-76）。

（10）选中对象，执行【位图/转换为位图】命令，然后执行【高斯式模糊】和【杂点/添加杂点】命令，最终效果如图 5-77 所示。

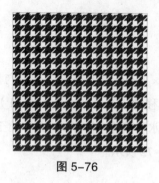

图 5-76

图 5-77

第四节 棒针面料及针织面料绘制实例

一、平针编织实例效果图

平针编织实例效果图如图 5-78 所示。

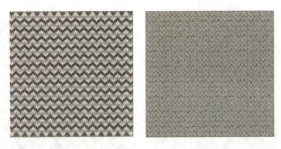

图 5-78

二、平针编织绘制步骤

（1）选择工具箱中的基本形状工具，选择【心形】图案，绘制一个心形图案。右击执行【转换为曲线】命令，利用形状工具调整修改（图 5-79）。

（2）选中对象，移动并复制至下方，如果出现不能重合的地方，可选择形状工具再次进行微调，然后填充不同的颜色，按 Ctrl+G 快捷键将其群组（图 5-80）。

图 5-79　　　　　　　　图 5-80

（3）选中群组后的对象，移动并复制，移动至页面的下方，选择交互式调和工具，设置步长为 7，进行调和，按 Ctrl+K 快捷键，执行【打散调和群组】命令后，按 Ctrl+G 快捷键群组。再次复制，单击属性栏中的【垂直镜像】按钮，得到图 5-81 所示效果。

（4）全选对象，观察属性栏中的对象大小，执行【窗口/泊坞窗/变换/位置】命令，设置水平数值为 16.179mm，副本数值为 15（图 5-82），效果如图 5-83 所示，全选对象后按 Ctrl+G 快捷键将其群组。

第五章

服装面料绘制实例

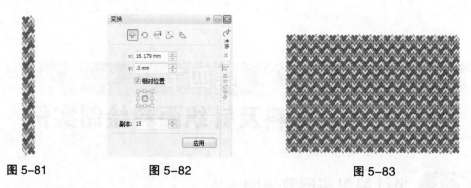

图 5-81　　　　　　　图 5-82　　　　　　　图 5-83

（5）选择矩形工具，绘制一个 150mm×150mm 的正方形，并填充深灰色，执行【效果/图框精确裁剪/置于图文框内部】命令，进行精确裁剪（图 5-84）。

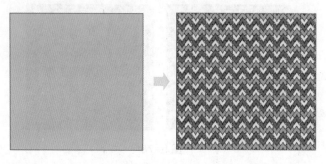

图 5-84

（6）选中对象，执行【位图/转换为位图】命令和【添加杂点】命令，效果如图 5-85 所示。

图 5-85

（7）保存此效果。

（8）回到图 5-84 的步骤中，选中对象，右击执行【编辑】命令（图 5-86）。再次选中对象，右击执行【取消全部群组】命令，在【颜色栏】中单击灰色色块，进行填充，完成后右击，单击【结束编辑】按钮，效果如图 5-87 所示。

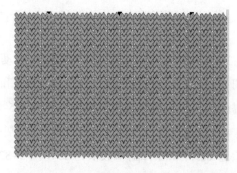

图 5-86

（9）选中对象，执行【位图/转换为位图】和【添加杂点】命令，效果如图 5-88 所示。

图 5-87

图 5-88

三、花样编织绘制步骤

（1）选择工具箱中的椭圆工具，绘制一个 8mm×6mm 的椭圆。选择矩形工具，绘制一个长方形。选中椭圆和长方形，单击属性栏中的【修剪】按钮，移除长方形，得到半圆，并填充为白色（图 5-89）。

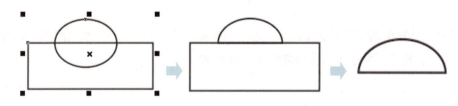
图 5-89

（2）选中半圆，执行【窗口/泊坞窗/变换/位置】命令，设置水平数值为 8mm，副本数值为 30，单击【应用】按钮，效果如图 5-90 所示。

图 5-90

（3）选中所有半圆，移动并复制，单击属性栏中的【垂直镜像】按钮，并下移至合适位置，可用方向键对效果进行微调（图 5-91）。

图 5-91

（4）全选对象，按 Ctrl+G 快捷键群组，移动并复制，垂直下移至页面的下方位置，选择交互式调和工具进行调和，设置步长为 26，数值根据实际效果调整（图 5-92）。

图 5-92

（5）选择工具箱中的基本形状工具，选择【水滴】图案，绘制一个水滴图案。右击执行【转换为曲线】命令，用【形状】工具调整修改（图 5-93）。

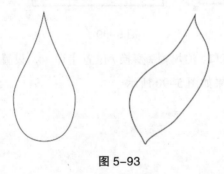

图 5-93

（6）图形完成后进行交互式调和，效果如图 5-94 所示，按 Ctrl+G 快捷键群组，将对象填充为白色，将对象放置在之前的图像上（图 5-95）。

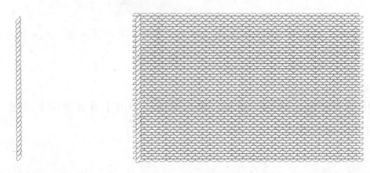

图 5-94　　　　　　　　　　图 5-95

（7）选中基本型图案，通过【复制】【镜像】【移动】及【对齐】等命令，得到图5-96所示效果。

（8）对对象再进行复制、水平镜像操作得到图5-97所示效果。

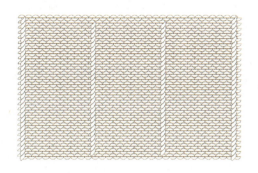 

图 5-96　　　　　　　　　　　　　　图 5-97

（9）对对象进行复制，调整位置，效果如图5-98所示。

（10）选择矩形工具，绘制一个100mm×100mm的正方形，并填充为浅灰色。将做好的对象执行【效果/图框精确剪裁/置于图文框内部】命令，得到图5-99所示效果。

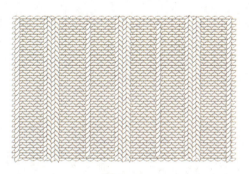 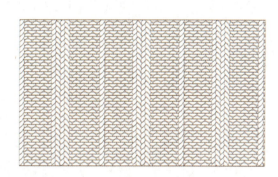

图 5-98　　　　　　　　　　　　　　图 5-99

（11）选中对象，执行【位图/转换为位图】和【添加杂点】【扭曲/湿笔画】【扭曲/风吹效果】等命令，最终效果如图5-100所示。

图 5-100

第五章
服装面料绘制实例

【思考习题】

1. 绘制蕾丝面料。

2. 绘制条纹面料。

第六章　Photoshop CS6 服装电脑设计

知识目标

　　了解 Photoshop CS6 软件工具等相关概念，明确 Photoshop CS6 软件菜单功能基本知识，熟悉 Photoshop CS6 软件绘图常用工具特点，学习 Photoshop CS6 软件服装绘图操作步骤。

技能目标

　　掌握 Photoshop CS6 软件软常用工具命令的操作技巧，掌握 Photoshop CS6 软件工具的快捷命令，并能够快速完成服装基本款式图的绘制。合理分析与把握绘制服装款式图步骤。

情感目标

　　培养学生作为服装设计师应具备的基本素质和遵循的基本原则，提高学生绘制服装款式图规范性的操作能力。提高学生对待服装设计的热情和期待。

思维导图

```
                                    ┌── Photoshop CS6 基本操作界面介绍
Photoshop CS6 服装电脑设计 ──┤
                                    └── 服装绘图常用工具介绍与操作
```

第一节 Photoshop CS6 基本操作界面介绍

Photoshop CS6 软件操作界面如图 6-1 所示。单击【开始】按钮，执行【程序 / Photoshop CS6】命令，或者直接双击桌面上的 Photoshop CS6 图标，即可打开 Photoshop CS6 应用程序。Photoshop CS6 的界面仍保持着 Adobe 公司的风格，默认打开的面板有工具栏、选项栏和各种活动面板，该版本的工具栏中新增加了一些工具，选项栏的出现是 Photoshop 的一次革新，它使得工具的使用更加方便。活动面板的种类没有太大变化，只是该版本中比以前多了样式面板、段落和字符面板。

操作界面由菜单栏、工具栏、工具箱、控制面板、状态栏等部分组成，可以使用各种元素（如面板、栏及窗口）来创建和处理文档或文件。

图 6-1

一、菜单栏

菜单栏是 Photoshop CS6 的重要组成部分，从图 6-1 中我们可以看到，Photoshop CS6 有 10 个菜单。

（1）【文件】菜单：主要用于建立、打开、保存等文件本身的操作以及操作环境和外设管理的工作。

（2）【编辑】菜单：主要用于选定图像、选定区域进行各种编辑的操作。在 Photoshop CS6 中经常要用到此菜单，而且菜单各个命令与其他软件的编辑命令相似，主要包括填充、描边、自由变换和变形等图形处理的功能。

第一节

Photoshop CS6 基本操作界面介绍

（3）【图像】菜单：主要用于图像模式、图像色彩和色调、图像大小等各项设置，通过对图像菜单中各项命令的应用可以使制作出来的图像更加逼真，而且往往运用【图像】菜单的某一个命令就能使作品提高档次。

（4）【图层】菜单：操作对象是某一图层中的图像或图层中图像的选择区域。

（5）【选择】菜单：用来控制使用选取的图像像素的区域。

（6）【滤镜】菜单：主要用于对图像进行各种特技效果的处理。

（7）【视图】菜单：提供一些辅助命令，它是为了帮助用户从不同视角、不同方式来观察图像。

（8）【帮助】菜单：用于管理 Photoshop 中各个窗口的显示与陈列方式。

二、属性栏、状态栏

属性栏是 Photoshop 界面的一大特色，图 6-2 就是钢笔工具属性栏。

图 6-2

状态栏位于窗口的最底部，它由三部分组成：最左边显示的是图像的比例；第二部分是显示图像文件信息的区域，单击其右边的下三角按钮，可以打开一个菜单，从中选择显示文件的不同信息；第三部分显示的是当前的操作状态和操作时的工具提示信息。

三、工具箱

Photoshop CS6 拥有一个功能强大、使用方便的工具箱，包含了四十多种可用工具，运用工具箱中的工具可以完成创建选区、绘画、绘图、取样、编辑、移动及查看图像等操作，还可以改变前景色与背景色，使用不同的图像显示模式等。

工具箱有以下几个特点：

（1）工具箱并没有将全部工具显示出来，其他的工具隐藏在带有黑色小三角工具箱中，按住鼠标左键不放，会弹出一个含有多个工具的选择面板（图 6-3），拖动鼠标指针到用户选择的工具图标处，释放即可选择该工具，按住 Alt 键，单击工具图标按钮，可在多个工具之间切换。

（2）鼠标指针悬停在工具按钮上，会显示工具名称，括号中字母即为该工具的快捷键。

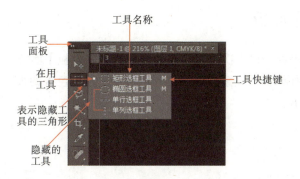

图 6-3

四、首选项

首选项可以设置常规显示选项、文件储存选项、性能选项、光标选项、透明度选项、单位与标尺、参考线与网格、文字选项及增效工具等。

（1）执行【编辑/首选项】命令，从子菜单中选择所需的首选项组。

（2）对应不同的选项组可以进行相关的设置。

五、导航器调板

当需要放大图像对其做细节处理时，导航器调板就能发挥很大的作用。导航器调板浮动在文档窗口上，用它可以快速移动和缩放图像（图6-4）。

图 6-4

六、【拾色器】对话框

【拾色器】对话框用于挑选合适的颜色，如图6-5所示。

七、【颜色】面板

【颜色】面板是Photoshop中重要的面板之一，其可看作【拾色器】对话框的简化版，如图6-6所示。

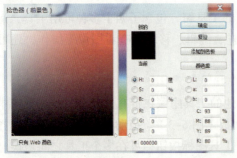

图 6-5

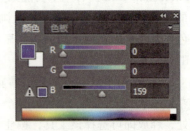

图 6-6

八、【色板】面板

【色板】面板用于保存可以多次重复使用的颜色。从【色板】面板菜单中可以选择查看色板的方式，并管理色板，如储存一些素材的颜色到色板中、复位色板调板、更正色调中的颜色的排列次序等，如图6-7所示。

九、【历史记录】面板

【历史记录】面板命令可以允许还原或重做操作，直接单击画板中想要重做或还原的地方。或者使用还原或重做命令，执行【编辑/还原】或者【编辑/重做】命令即可。历史记录面板如图6-8所示。

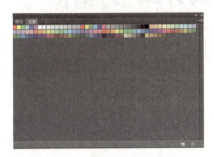
图 6-7

图 6-8

十、【图层】面板

图层就如同堆叠在一起的透明纸，透过图层的透明区域看到下面的图层，可以移动图层来定位图层上的内容。【图层】面板如图6-9所示。

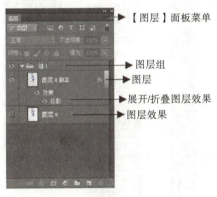
图 6-9

（1）双击【图层】面板中的背景，或者执行【图层/新建/图层背景】命令，将背景转换为图层。

（2）单击【图层】面板中的【创建新图层】按钮，可以创建新图层；或单击【新建组】按钮创建图层组。

（3）将图层或图层组拖动到【创建新图层】按钮，可以复制图层或图层组。

（4）单击图层、图层组或图层效果旁的眼睛图标，可以显示或隐藏图层、图层组或样式。

（5）执行【图层/合并图层】命令，可以合并图层或图层组。

第二节
服装绘图常用工具介绍与操作

 一、工具箱概览

工具箱概览如图 6-10 所示。

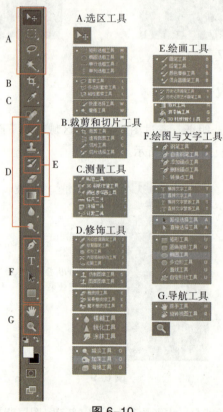

图 6-10

 二、选区工具

选区工具可以建立选区，包括选框、套索、多边形套索、磁性套索，配合 Shift 键加选，或 Alt 键减选。

1. 选框工具

选框可以选择矩形、椭圆形和宽度为 1 个像素的行和列。
（1）使用矩形选框工具或椭圆形选框工具，在要选择的区域上拖动（图 6-11）。
（2）按住 Shift 键拖动，可将选框限制为正方形或圆形。
（3）在开始之后按住 Alt 键，便可从选框中拖动它。

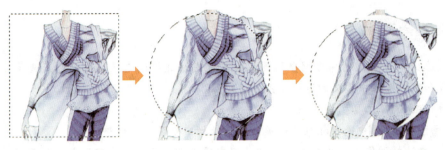

图 6-11

2. 套索工具

套索工具是一种常用的选取工具，其可以制作直线线段或徒手描绘外框的选取范围，包括套索工具、多边形套索工具和磁性套索工具（图 6-12）。

（1）套索工具⊘：适合绘制选区边框的手绘线段。

①选择套索工具，任务栏也相应变为套索工具的任务状态，在属性栏■■■■中选择相应的选项。

②将鼠标指针移到图像上拖动，即可选取所需要的范围，在属性栏可设置【羽化】与【消除锯齿】。

③按住 Alt 键，在起点与终点处单击，可绘出直线外框。

④按 Delete 键，可清除前面所绘制的线段，直到剩下想要留下的部分。

（2）多边形套索工具⊘：适合绘制选区边框的直边线段。

①选择多边形套索工具，其任务栏与套索工具完全相同，在属性栏■■■■中选择相应的选项，在属性栏可设置【羽化】与【消除锯齿】。

②将鼠标指针移到图像处单击，连续单击可确定每一条线，双击结束选择。

③按 Alt 键，在起点与终点处单击，可徒手描绘选区范围。

④按 Delete 键，可清除前面所绘制的线段，直到剩下想要留下的部分。

（3）磁性套索工具⊘：可自动识别边缘，边界会对齐图像中定义区域。

①选择磁性套索工具，其任务栏与套索工具完全相同，在属性栏■■■■中选择相应的选项，在属性栏可设置【羽化】与【消除锯齿】。

②将鼠标指针移到图像处单击，选取起点，然后沿物体边缘移动鼠标指针，单击完成操作。

③在使用磁性套索工具时，按住 Alt 键可切换至套索工具。

④按 Delete 键，可清除前面所绘制的线段，直到剩下想要留下的部分。

图 6-12

3. 快速选择工具

使用快速选择工具，利用可调整的圆形画笔笔尖快速绘制选区，拖动时，选区会向外扩展并自动查找和跟踪图像中定义的边缘（图6-13）。

（1）选择快速选择工具。

（2）在属性栏中选择相应的选项，在属性栏中可设置【调整边缘】。

（3）在目标选择图像部分中绘画，绘画过程中通过调整右方括号键增大画笔笔尖的大小，左方括号键减小画笔笔尖大小（必须在英文输入法状态下才可用）。

图6-13

4. 魔棒工具

魔棒工具是以图像中相近的色素来建立选区范围的，设置容差大小可以用来选择颜色相同或相近的整片色块（图6-14）。

图6-14

（1）选择魔棒工具。

（2）在属性栏中选择相应的选项，魔棒工具的指针会随选中的选项而变化。

（3）设置容差范围。如果选中【连续】复选框，则容差范围内的所有相邻像素被选中，否则，将选中容差范围内的所有像素。选中【对所有图层取样】复选框，则色彩范围可跨所有可见图层，否则，魔棒只对当前应用图层起作用（图6-15）。

图6-15

（4）单击对象，完成操作。

5.【色彩范围】命令

利用【色彩范围】命令可以选择整个图像内指定的颜色或色彩范围。

（1）执行【选择/色彩范围】命令，打开【色彩范围】对话框（图6-16）。

（2）从【选择】下拉列表中选择取样颜色工具。设置较低的颜色容差值可以限制色彩范围，设置较高的颜色容差值可以增大颜色范围。

（3）预览，调整容差数值以改变选区（图6-17）。

图 6-16

图 6-17

三、修饰工具

1. 裁剪工具

实际作图过程中，经常会用到图像裁剪，可以使用工具箱中的裁剪工具或【裁剪】命令。

（1）选择工具箱中的裁剪工具，弹出裁剪工具选项栏，可设置宽度、高度及分辨率，拖动鼠标，最终的图像大小将与所设定的大小及分辨率保持一致。

（2）选择工具箱中的裁剪工具，在图像中要保留的地方按住鼠标左键拖动，创建一个选框。

（3）调整选框，满意后双击或按Enter键，结束操作（图6-18）。

图 6-18

2. 图章工具

图章工具内含两个工具，分别是仿制图章工具和图案图章工具，下面仅介绍仿制图章工具。

仿制图章工具 可以从图像中选择一块区域作为样本，然后将该样本应用到其他图像或同一图像的其他部分，也可以将一个图层的一部分应用到另一个图层。

（1）打开一幅图片，选择仿制图章工具。

（2）把鼠标指针移动到想要复制的图像上，按住 Alt 键并单击，设置取样点。

（3）拖动鼠标，在图像的任意位置开始复制（图 6-19）。

（4）仿制图章工具任务栏包括画笔、模式、不透明度、对齐、用于所有图层。选中【对齐】复选框后，不管停笔后再画多少次，每次复制都间断其连续性，这种功能对于用多种画笔复制一张图像非常有用，取消选中该复选框，则每次停笔再画时都从原先的起画点开始，适用于多次复制同一图像。

图 6-19

3. 污点修复画笔工具

污点修复画笔工具 可以方便快捷地清除图像中的污点或不满意的部分。污点修复画笔工具不用指定取样点，它会自动在所修饰区域的周围取样，并将样本像素的纹理、光照、透明度和阴影与所修复的像素相匹配。

（1）选择污点修复画笔工具。

（2）在属性栏中选择画笔大小，选比修改区域大一点的画笔，只需单击一次就可直接覆盖整个区域。

（3）在属性栏【模式】下拉列表中选择【混合】模式，选择柔边画笔时，保留画笔描边的边缘处的杂色、胶片颗粒和纹理。

（4）如果选中【对所有图层取样】复选框，则可从所有可见图层中对数据进行取样，如果取消选中该复选框，则只对当前图层中取样。

（5）单击图像修复区域，或单击并拖动，以修复较大区域中的不理想部分（图 6-20）。

图 6-20

4. 修复画笔工具

修复画笔工具与仿制工具类似，需要按住 Alt 键设置取样点，它主要用于校正瑕疵，可以将样本像素的纹理、光照、透明度和阴影与所修复的瑕疵或像素相匹配。此外它还可利用图像或图案样本像素来绘画,可以将图像或图案像素不留痕迹地融入周围的图像中。

（1）选择修复画笔工具。

（2）选中属性栏中的【源】或【图案】单选按钮。

源：同仿制工具一样,设置用于修复像素的取样点。

图案：可以使用某个图案像素,单击【图案】旁边的下三角形,将弹出一个面板,选择一个图案即可。

（3）对齐：同仿制工具,选中该复选框,可连续对像素进行取样,即使松开鼠标也不会丢失当前取样点。取消选中该复选框,则每次停笔重新开始时都从原先的取样点开始。

（4）样本：从指定的图层中取样,选择【当前和下方图层】,可以从当前图层及其下方可见图层中取样；选择【当前图层】,则从当前图层中取样；若从多种可见图层中取样,则选择【所有图层】。

（5）按住Alt键选取取样点,在需要的部分擦拭,它会根据周围的颜色以取样点为基准进行补充（图6-21）。

图6-21

5. 修补工具

通过使用修补工具,可以用其他区域或图案中的像素来修复选中的区域。与修复画笔工具一样,修补工具会将样本像素的纹理、光照、透明度和阴影与源像素匹配。

（1）选择修补工具。

（2）在属性栏中选中【源】单选按钮,在图像修补的区域用鼠标绘制选区（按Shift键加选,按Alt键减选）,将选区拖动到目标取样区域,原来选中的区域即被取样点所修补（图6-22）。

（3）在属性栏中选中【目标】单选按钮,先选择目标取样点,利用鼠标绘制选择区域,拖动鼠标指针至修补区域释放,该修补区域即被目标选样点所修补。

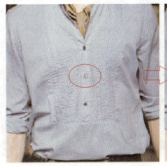

图6-22

6. 颜色替换工具

颜色替换工具能够简化图像中特定颜色的替换，可以用校正颜色在目标颜色上绘画。

（1）打开图片，在图像中选中目标替换颜色部分，选择颜色替换工具 。

（2）在属性栏中设置画笔笔尖，将混合模式设置为【颜色】。若为校正区域定义平滑边缘，则选中【消除锯齿】复选框。

（3）设置前景色为替换颜色，在图像中涂抹替换颜色（图6-23）。

图6-23

7. 加深与减淡工具

减淡工具与加深工具用于改变图像的亮调与暗调，其原理为胶片曝光显影后，经过部分暗化或亮化，来改善曝光效果。

（1）选择减淡或加深工具。

（2）在属性栏中选取画笔笔尖并设置画笔选项。

（3）在【范围】下拉列表中可以选择【中间调】，选中后只作用于图像的中间调区域，即更改灰色的中间范围；选择【阴影】只作用于图像较暗的区域；选择【高光】只作用于图像较亮的区域。曝光度设置在15%比较合适。

（4）鼠标指针在目标变亮或变暗的图像部分上拖动（图6-24）。

图6-24

四、变换工具

变换主要是对图像进行比例、旋转、斜切、伸展或变形的处理。可以对选区、整个图层、多个图层或图层蒙版应用变换，还可以对路径、矢量形状、矢量蒙版、选区边界或 Alpha 通道应用变换。

（1）选择目标对象。

（2）执行【编辑/变换/缩放/旋转/斜切/扭曲/透视/变形】命令。

执行【缩放】命令，拖动外框上的手柄，拖动角手柄时按住 Shift 键可按比例缩放。

执行【旋转】命令，将指针移到外框之外（指针变为弯曲的双向箭头），然后拖动。按 Shift 键可将旋转限制为按 15° 增量进行。

执行【斜切】命令，拖动边手柄可倾斜外框。

执行【扭曲】命令，拖动角手柄可伸展外框。

执行【透视】命令，拖动角手柄可向外框应用透视。

执行【变形】命令，从属性栏变形样式中选取一种，或执行自定义变形，拖动网格内的控制点、线条或区域，可以更改外框和网格的形状。

（3）完成后，按 Enter 键或在变换选框中双击，结束操作（图 6-25）。

（4）按 Ctrl+T 快捷键，进行自由变换，右击可选择相应的命令进行变化。

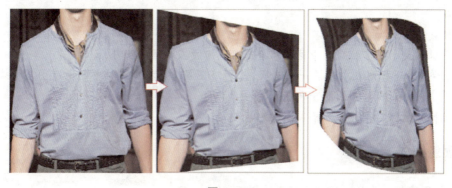

图 6-25

五、颜色处理工具

1.【颜色】面板概述

【颜色】面板可通过执行【窗口/颜色】命令调出，【颜色】面板显示当前前景色与背景色的颜色值，使用【颜色】面板中的滑块，可以利用几种不同的颜色编辑前景色与背景色，还可以从显示在面板底部的四色曲线图的色谱中选取前景色或背景色（图 6-26）。

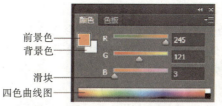

图 6-26

2. 选取颜色

（1）关于前景色与背景色。Photoshop CS6 使用前景色来绘画、填充和描边选区，使用背景色来生成渐变填充和在图像已抹除的区域中填充。一些特殊效果的滤镜也使用前景色和背景色。可以使用【吸管】工具、【颜色】面板、【色板】面板或【拾色器】对话框＝指定新的前景色或背景色。默认前景色为黑色，背景色为白色。

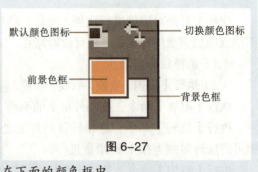

图 6-27

（2）在工具箱中选取颜色（图 6-27）。当前的前景色显示在工具箱上面的颜色框中，背景色显示在下面的颜色框中。

①更改前景色。单击工具箱中上面的颜色框，在【拾色器】选择一种颜色或者输入数值确定颜色。

②更改背景色。单击工具箱中下面的颜色框，在【拾色器】选择一种颜色或者输入数值确定颜色。

③单击工具箱中的 按钮，可以切换前景色与背景色。

④单击工具箱中的 按钮，可以恢复默认的前景色与背景色。

（3）使用吸管工具选取颜色。利用吸管工具可以从现有的图像中任意吸取颜色指定为前景色或背景色。

①选择吸管工具。

②从【取样大小】下拉列表中选择一个选项，可更改吸管的大小。

③从【样本】下拉列表中选择一个选项，【所有图层】是指从文档中的所有图层中采集颜色，【当前图层】是从当前现用图层中采集颜色。

④在目标颜色上单击，即可拾取新的颜色。

3. 颜色模式的选择

（1）将图像转换为另一种颜色模式（图 6-28）。可以将图像从原来的模式转换为另一种模式。例如，如果图像文件用于彩色印刷，则应在处理结束后将颜色模式转换为 CMYK 模式。

①打开图片。

②执行【图像/模式】命令，从子菜单中选取所需的模式。

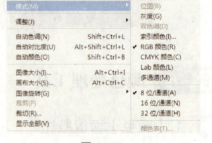

图 6-28

③图像在转换为多通道、位图或索引颜色模式时应进行拼合，因为这些模式不支持图层。

（2）将图像转换为灰度模式（图 6-29）。彩色照片转换为灰度模式后文件会变小，但扔掉颜色信息会导致两个相邻的灰度级转换成完全相同的灰度级。

①打开图片，执行【图像/模式/灰度】命令。

②在弹出的对话框中单击【扔掉】按钮，Photoshop CS6 会将图像中的颜色转换为黑色、白色和不同灰度级别。

图 6-29

4. 调整图像颜色及色调

（1）【色阶】命令。【色阶】命令是 Photoshop 重要的颜色调整命令之一，用于调整图像的暗调、中间调和高光等区域的强度级别，校正图像的色调范围和色彩平衡（图6-30）。

①【图像/调整/色阶】命令，或者执行【图层/新建调整图层/色阶】命令，打开【色阶】对话框。

②通过【通道】下拉列表确定要调整的是混合通道还是单色通道。

③向左拖动【输入色阶】右侧的白色三角滑块，图像变亮，高光区域的变化比较明显，这使得比较亮的像素变得更亮；向右拖动左侧的黑色三角滑块，图像变暗，暗调区域变化明显，使得比较暗的像素变得更暗。

④在【输入色阶】栏，通过向左、中、右三个文本框中输入数值，可分别精确地调整图像的暗调、中间调和高光区域的色调平衡。

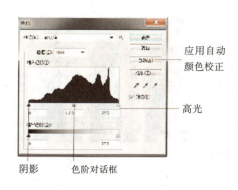

图 6-30

（2）【曲线】命令。【曲线】命令是 Photoshop 强大的色彩调整命令，它不仅可以对图像的高光、暗调和中间调区域进行调整，而且可以调整0~255色调范围内的任意一点。同时，使用【曲线】命令可以对图像中的单个颜色通道进行精确地调整。

①执行【图像/调整/色阶】命令，或者执行【图层/新建调整图层/曲线】命令，打开【曲线】对话框。

②通过【通道】下拉列表确定要调整的是混合通道还是单色通道。

③直接在曲线上单击可添加点，若移去控点，将其从图形中拖出或选中该点，按 Delete 键。

④对于 RGB 颜色模式的图像来说，向上拖动控制点，使曲线上扬，对应色调区域的图像亮度增加；增加向下弯曲，亮度降低；将曲线调整为 S 形，可增加图像的对比度（图6-31）。

⑤单击某个点并拖动曲线直到色调和颜色满意为止（图6-32），按住 Shift 键单击，可选择多个点并一起移动。

⑥选中一个控制点后，在对话框左下角的【输入】和【输出】文本框内输入适当的数值，可精确地改变图像指定色调区域的亮度值。

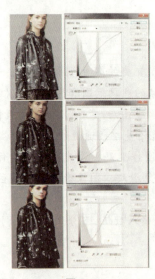

图 6-31

曲线对话框

图 6-32

（3）【色相/饱和度】命令。【色相/饱和度】命令可以调整图像中单个颜色成分的色相、饱和度和亮度，或者同时调整图像中的所有颜色，还可以通过给像素指定新的色相和饱和度，从而使灰度图像添加颜色（图 6-33）。

①选中对象，执行【图像/调整/色相饱和度】命令，打开【色相/饱和度】对话框；也可执行【图层/新建图层/色相饱和度】命令；或者单击【调整】面板中的【色相饱和度】图标。

图 6-33

②可选择作用范围。例如，选择【全图】选项，则将对图像中所有颜色的像素起作用，其余选项则表示对某一颜色成分的像素起作用。

③在【色相/饱和度】对话框中拖动【色相】【饱和度】【明度】滑块，直到效果满意为止。

（4）【阴影/高光】命令。阴影/高光命令适用于校正由于强逆光而形成剪影的照片，或者校正由于太接近相机闪光灯而有些发白的焦点（图 6-34）。【阴影/高光】命令还有用于调整图像的整体对比度的【中间调对比度】滑块、【修剪黑色】选项和【修剪白色】选项，以及用于调整饱和度的【颜色校正】滑块。

调整前　　　　　　　　　　　　调整后

图 6-34

①执行【图像/调整/阴影/高光】命令，打开【阴影/高光】对话框。

②移动【数量】滑块，或在【阴影】或【高光】文本中输入数值调整光照校正量。

③为了更精细地进行控制，可以选中【显示更多选项】复选框进行其他调整。

④完成后单击【确定】按钮。

（5）【替换颜色】命令。【替换颜色】命令用于替换图像中某个特定范围的颜色，在图像中选取特定的颜色区域来调整其色相、饱和度和亮度值（图6-35）。

①执行【图像/调整/替换颜色】命令，打开【替换颜色】对话框。

②用吸管工具在图像中单击需要替换的颜色，得到所要进行修改的选区。

③拖动【颜色容差】滑块调整颜色范围，或在文本框中输入数值，数值越大，被替换颜色的图像区域越大。

④拖动【色相】与【饱和度】滑块，直到得到需要的颜色。

调整前　　　　替换颜色对话框　　　　调整后

图6-35

（6）【亮度/对比度】命令。使用【亮度/对比度】命令可以调整图像的亮度和对比度，将【亮度】滑块向右移动会增加色调值并扩展图像高光，而将【亮度】滑块向左移动会减少色调值并扩展图像阴影（图3-36）。

①选中对象，执行【图像/调整/亮度/对比度】命令，打开【亮度/对比度】对话框；也可执行【图层/新建图层/亮度/对比度】命令；或者单击【调整】面板中的【亮度/对比度】图标 。

②拖动滑块以调整亮度和对比度，直到满意为止。

调整前　　　　　　　调整后

图6-36

（7）【变化】命令。使用【变化】命令可让用户直观地调整图像或选区中图像的色彩平衡、对比度和饱和度（图6-37）。

①打开图片，选中需要变化的区域，执行【图像/调整/变化】命令，打开【变化】对话框。

②阴影、中间色调或高光调整为较暗区域、中间区域或较亮区域；饱和度更改图像中的色相强度。

③拖动【精细/粗糙】滑块决定每次调整的量。

④单击相应的颜色缩览图，调整颜色和亮度。

调整前　　　　　　　　　　调整后

图6-37

（8）渐变工具。渐变工具用于填充几种渐变色组成的颜色，可根据需要进行各项参数的设置。在工具箱中选择该工具，属性栏则显示相应的选项（图6-38）。

图6-38

①打开图像，创建选区，渐变调色效果只在选区中显示。如果不进行选区的创建，渐变色将填充整个图像。

②选择渐变工具█。

③在属性栏左边的渐变拾色器中可选择预设的渐变填充（图6-39）。

④在属性栏中选择应用渐变填充的选项█████。

●线性渐变█：从起点到终点做直线式渐变。

●径向渐变█：从起点到终点做放射式渐变。

●角度渐变█：从起点到终点做逆时针渐变。

●对称渐变█：从起点到终点做对称式直线渐变。

●菱形渐变█：从起点到终点做菱形图样渐变。

⑤在属性栏中对【模式】【不透明度】【反向】【仿色】【透明区域】等进行设置。

⑥在渐变属性栏中单击█████按钮，打开【渐变编辑器】对话框（图6-40）。

⑦在对话框中单击【预设】右侧的按钮█，在弹出的下拉菜单中选择所需渐变类型的名称，

即可载入预设颜色。

⑧在该对话框中渐变颜色条下面的空白位置处单击，即可添加一个色标，然后在色标栏中单击【颜色】按钮，打开【设置色标颜色】对话框，在其中设置渐变颜色的各项参数即可。

⑨将鼠标指针定位在图像中要设置为渐变起点的位置，按住鼠标左键不放进行拖动，完成渐变填色。鼠标拖动的长度和方向直接决定了渐变色的最终效果。

图 6-39

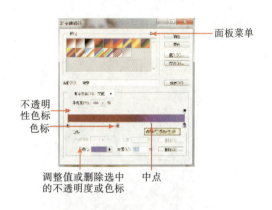

图 6-40

（9）油漆桶工具。油漆桶工具可根据像素的颜色近似程度来填充颜色，还可快速将所选区域填入前景色或连续图案。操作时，系统会如同魔棒般地自动侦测边缘，进行颜色置换。在工具箱中选择该工具，属性栏则显示相应的选项（图6-41）。

图 6-41

①打开图像并创建好选区，在工具箱中选择油漆桶工具。
②在属性栏中选择好需填充的内容，可选择前景色填充或图案填充。
③在属性栏中对【模式】【不透明度】【容差】【消除锯齿】【连续的】【所有图层】进行设置。
④将指针指向需要填充的区域，单击即可完成填充。

5. 图像绘图工具

（1）画笔与铅笔工具。画笔与铅笔工作可以绘制出很多生动活泼的背景色调与绘画效果，两者可以在图像上绘制当前的前景色，画笔工具可以创建有颜色的柔描边，而铅笔工具则可以创建硬边直线。

①设置前景色。
②在工具箱中选择画笔工具或铅笔工具。
③在画笔预设选取器中选取画笔。

④在属性栏中设置模式、不透明度等。

⑤按住鼠标左键在图像窗口中拖动，即可绘制出需要的图形，在光标经过处会按前景色着色。若要绘制直线，可在图像中单击确定起点，然后按住 Shift 键单击确定终点。

（2）画笔预设。预设画笔是一种存储的画笔，可以从笔的大小、形状和硬度等定义它的特性。

①选择一种绘画工具，在属性栏中左侧画笔预设拾取器中选择一种画笔（图 6-42）。

②单击属性栏中的【切换到画笔面板】按钮，打开【预设画笔】面板，可自由选择画笔类型，更改画笔的形态、硬度及间距等（图 6-43）。

③在图像中单击并拖动绘画。

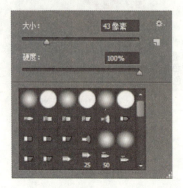

图 6-42

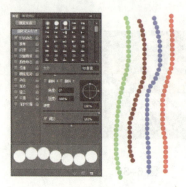

图 6-43

（3）图案图章工具。图案图章工具可将系统自带或自定义的图案进行复制并填充到图像区域中。

①选择图案图章工具。

②从画笔预设选取器中选取画笔。

③在属性栏中设置模式、不透明度等。

④选中【对齐】复选框，保持图案与原始起点的连续性，即使松开鼠标也不会丢失当前图案。取消选中该复选框则每次停笔重新开始时都重新启动图案。

⑤在属性栏中，从图案拾色器中选择一个图案，如需应用具有印象派效果的图案，则选中【印象派效果】复选框。

⑥在图像中拖动以使用选定图案进行绘画（图 6-44）。

图 6-44

（4）预设图案。预设图案显示在油漆桶、图案图章、修复画笔及修补工具属性栏的弹出面板中，以及【图层样式】对话框中。

①绘制一个自定义图案，使用选框工具选择目标图案区域。

②执行【编辑/定义图案】命令，打开【图案名称】对话框，输入图案名称。

③选择工具箱中的油漆桶、图案图章、修复画笔或修补工具，在其属性栏弹出的面板中出现定义图案。

④对目标对象填充图案，使用魔棒工具选取填充的部位，使用油漆桶工具，在属性栏中选择图案，找到自定义图案，对目标区域单击填充即可（图6-45）。

图6-45

（5）形状绘制工具。形状绘制工具包括基本的矩形工具，即圆角矩形工具、椭圆工具、多边形工具、直线工具及自定形状工具等，可以在图层中绘制各种形状（图6-46）。

①选择一个形状工具或钢笔工具，在属性栏左侧下拉列表中选择【形状】。

②绘制形状时，颜色默认填充为前景色，可在属性栏设置形状填充类型，更改颜色。

③配合Shift键可以绘制正方形或圆形，在页面拖动以绘制形状。

④修改图层中的当前形状。可以选中两个形状图层，右击执行【合并可见图层】命令，两个形状将位于一个图层上，按住Shift键选中两个形状，可通过属性栏中的路径操作，对其进行合并形状、减去顶层、与形状区域相交、排除重叠形状等命令。执行【合并形状组件】命令，即可得到修改的形状。

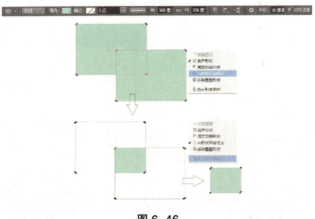

图6-46

（6）钢笔工具。钢笔工具是 Photoshop 中很重要的路径绘制工具之一，利用钢笔工具创建路径，是所有路径工具中最精确的，可以绘制直线、曲线及复杂的路径。

① 形状绘制。

- 选择钢笔工具，在属性栏左侧下拉列表中选择【形状】。
- 使用钢笔工具绘制路径时，可以建立一个形状图层，【图层】面板会自动添加一个新的形状图层，形状图层可以理解为带形状剪贴路径的填充图层，图层中间的填充色默认为前景色，单击属性栏中的 可以改变填充颜色（图6-47）。

图6-47

② 路径绘制。

- 选择钢笔工具，在属性栏左侧下拉列表中选择【形状】。
- 在工具箱选择钢笔工具，在图像中单击，确定绘制起点，移动鼠标指针并在下一个位置继续单击，两点间连成一条直线。多次单击可以绘制连续的折线（图6-48）。
- 选择钢笔工具，按住鼠标左键开始绘制，按住鼠标左键的同时进行拖曳，确定第一个节点及方向线。将鼠标指针放置在第二个节点位置单击，并将鼠标指针沿需要的方向拖曳，即出现第二个节点和两个方向线。方向线的长度和斜率决定了曲线段的形状（图6-49）。选择钢笔工具绘制时，在【路径】面板中会出现工作路径，但不会在【图层】面板中出现形状图层。

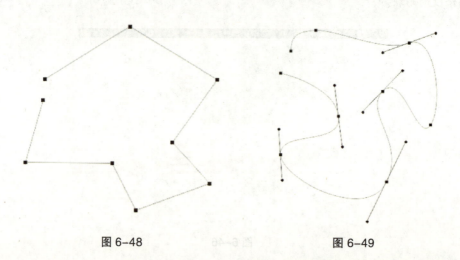

图6-48　　　　　　　　图6-49

- 按住 Alt 键，在任意锚点上单击，可以在平滑点与角点之间切换。
- 利用钢笔工具、添加锚点工具及删除锚点工具，可以在需要的位置添加和删除任意锚点。
- 路径选择工具可以选择路径，直接选择工具可以编辑路径。
- 选中路径后，单击面板中的【将路径作为选区载入】按钮，将路径转换为选区。
- 选中路径后，单击面板中的【用画笔描边路径】按钮，对路径进行描边。
- 单击【路径面板菜单】按钮，执行【存储路径】命令，可以保存路径。

6. 图像滤镜工具

在 Photoshop CS6 中，选择【滤镜】菜单中的相关命令，可以看到该菜单为用户提供了许多特殊效果的滤镜样式，利用这些滤镜样式可以对图像进行各种效果的修饰。使用滤镜时应注意以下几点：

①滤镜只能运用于当前可见图层。
②滤镜不能应用于位图模式和索引颜色模式。
③某些滤镜只能应用于 RGB 图像和 16 位通道的图像。
④使用滤镜过程中会占用大量内存，可以使用预览视图或者关闭多余的应用程序，以提供更多的内存用于运算，从而节约时间。
⑤反复选择同一滤镜命令，可以使用 Ctrl+F 快捷键。
⑥文本图层和形状图层不能直接运用滤镜相关命令，需先转换为普通图层。

（1）艺术效果滤镜。在 Photoshop CS6 中，执行【滤镜/滤镜库】命令可找到艺术效果滤镜，艺术效果子菜单中的滤镜，都是模仿自然或传统介质的效果，包括壁画、彩色铅笔、粗糙蜡笔、底纹效果、干画笔等 15 种艺术效果（图 6-50）。

①选中整个图像或在要应用艺术效果的图像上建立选区。
②执行【滤镜/艺术效果/任意效果】命令，打开面板。
③在面板中设置相关属性，通过预览观察效果，完成后单击【确定】按钮。

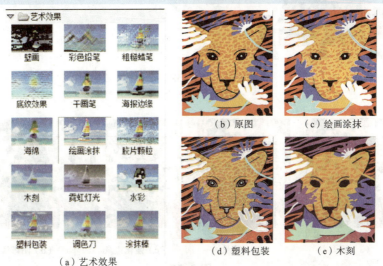

（a）艺术效果　（b）原图　（c）绘画涂抹　（d）塑料包装　（e）木刻

图 6-50

（2）模糊滤镜。模糊滤镜组主要用于不同程度地减少相邻像素间的颜色差异，使图像产生柔和、模糊的效果，包括表面模糊、动感模糊、方框模糊、高斯模糊等效果（图6-51）。

①建立选区或选中整个图像。
②执行【滤镜/模糊/任意效果】命令，打开面板。
③在面板中设置相关属性，通过预览观察效果，为了便于观察可调整图像大小。
④完成后单击面板中的【确定】按钮。

（a）原图　　　（b）表面模糊　　　（c）动感模糊　　　（d）高斯模糊

图 6-51

（3）画笔描边滤镜。画笔描边滤镜主要通过模拟不同的画笔或油墨笔刷来勾绘图像，产生绘画效果（图6-52）。

①建立选区或选中整个图像。
②执行【滤镜/画笔描边/任意效果】命令，打开面板。
③在面板中设置相关属性，通过预览观察效果（图6-53）。
④完成后单击面板中的【确定】按钮。

图 6-52

（a）原图　　　（b）喷溅　　　（c）强化边缘　　　（d）阴影线

图 6-53

（4）扭曲滤镜。扭曲滤镜对图像进行几何变形，创建三维或其他变形效果，包括波浪、波纹、玻璃、海洋波纹、挤压、旋转等效果，这些滤镜在运行时一般会占用较多的内存空间（图6-54）。

①建立选区或选中整个图像。
②执行【滤镜/扭曲/任意效果】命令，打开面板。
③在面板中，设置相关属性，通过预览观察效果。
④完成后单击面板中的【确定】按钮。

（a）原图　　　　（b）波浪　　　　（c）波纹　　　　（d）旋转扭曲

图 6-54

（5）杂色滤镜。杂色滤镜可以给图像添加一些随机产生的干扰颗粒，即杂色点（又称为噪点），也可以淡化图像中某些干扰颗粒的影响，包括较少杂色、蒙尘与划痕、去斑、添加杂色、中间值等效果（图6-55）。

①建立选区或选中整个图像。
②执行【滤镜/扭曲/任意效果】命令，打开面板。
③在面板中设置相关属性，通过预览观察效果。
④完成后单击面板中的【确定】按钮。

（a）原图　　　　（b）蒙尘与划痕　　　　（c）添加杂色

图 6-55

（6）像素化滤镜。像素化滤镜主要用于将图像进行不同程度的分块处理，使图像分解成肉眼可见的像素颗粒，如方形、不规则多边形和点状等，视觉上看就是图像被转换成由不同色块组成的图像，包括彩块化、彩色半调、点状化、晶格化、马赛克、碎片等效果（图6-56）。

①建立选区或选中整个图像。
②执行【滤镜/像素化/任意效果】命令，打开面板。
③在面板中设置相关属性，通过预览观察效果。
④完成后单击面板中的【确定】按钮。

（a）原图　　　　　（b）彩色半调　　　　　（c）晶格化　　　　　（d）马赛克

图 6-56

（7）渲染滤镜。渲染滤镜主要用于不同程度地使图像产生三围造型效果或光线照射效果，或给图像添加特殊的光线，渲染滤镜包括分层云彩、光照效果、镜头光晕、纤维、云彩等效果（图 6-57）。
①建立选区或选中整个图像。
②执行【滤镜/渲染/任意效果】命令，打开面板。
③在面板中设置相关属性，通过预览观察效果。
④完成后单击面板中的【确定】按钮。

（a）原图　　　　　（b）分层云彩　　　　　（c）纤维　　　　　（d）云彩

图 6-57

（8）素描滤镜。素描滤镜用来在图像中添加纹理，使图像产生模拟素描、速写及三维的艺术效果。素描滤镜包括半调图案、便条纸、粉笔和炭笔、铬黄渐变、绘图笔、基底凸现等多种特殊效果（图 6-58）。
①建立选区或选中整个图像。
②执行【滤镜/素描/任意效果】命令，打开面板。
③在面板中设置相关属性，通过预览观察效果。
④完成后单击面板中的【确定】按钮。

图 6-58

（9）风格化滤镜。风格化滤镜通过置换像素并且查找和提高图像中的对比度，产生一种绘画式或印象派的艺术效果，包括查找边缘、等高线、风、浮雕效果、扩散等效果（图6-59）。

①建立选区或选中整个图像。
②执行【滤镜/风格化/任意效果】命令，打开面板。
③在面板中设置相关属性，通过预览观察效果。
④完成后单击面板中的【确定】按钮。

（a）原图　　（b）浮雕效果　　（c）拼贴　　（d）曝光过度

图6-59

（10）纹理滤镜。纹理滤镜主要用于生成具有纹理效果的图案，使图案具有质感。该滤镜在空白画面上也可以直接工作，并能生成相应的纹理图案，包括龟裂缝、颗粒、马赛克拼贴、纹理化等效果（图6-60）。

①建立选区或选中整个图像。
②执行【滤镜/纹理/任意效果】命令，打开面板。
③在面板中设置相关属性，通过预览观察效果。
④完成后单击面板中的【确定】按钮。

（a）原图　　（b）染色玻璃　　（c）龟裂缝　　（d）马赛克拼贴

图6-60

【思考习题】

1. 如何使用仿制图章、污点修复画笔、修补工具修改图像上的瑕疵？

2. 如何进行图像颜色的调整？

3. 找一些服装图片，利用所学工具将其进行颜色替换。

第七章　服装配件绘制实例

 知识目标

　　了解服装配件的种类及特点，学习与掌握服装配件结构、色彩搭配等相关知识，利用 Photoshop CS6 软件各工具绘制服装配件的步骤。

 技能目标

　　根据不同服装配件的款式特征，进行相应的款式设计与色彩搭配，从而掌握各类服装配件设计方法及绘制技巧。

 情感目标

　　服装配件款式变化最多、最受年轻人青睐，基于对服装配件设计及绘制，可以培养学生主动探索勇于创新的精神。

 思维导图

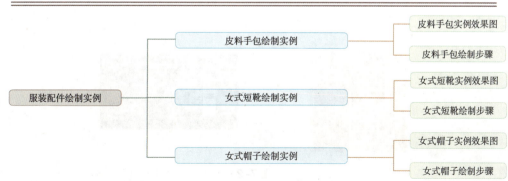

第七章

服装配件绘制实例

第一节 皮料手包绘制实例

皮料手包实例效果图

皮料手包实例效果图如图 7-1 所示。

图 7-1

二、皮料手包绘制步骤

1. 手包皮料的绘制

（1）打开 Photoshop CS6，执行【文件/打开】命令，打开绘制好的线稿文件手包图像。

（2）再次执行【文件/打开】命令，打开文件中的蛇皮面料。

（3）利用移动工具 将文件"蛇皮料"拖动到手包图像中，与此同时图层控制面板中相应的形成了"图层 1"（图 7-2）。

图 7-2

第一节
皮料手包绘制实例

（4）在图层面板上拖动图层1至面板下方的【复制】按钮，松开鼠标，得到"图层1副本"。利用移动工具将"图层1副本"中的皮料移动到第一块皮料的右侧（图7-3）。

图 7-3

（5）按Ctrl+T快捷键，执行【变换】命令，在框选图形内右击，执行【水平翻转】命令，双击完成命令（图7-4）。

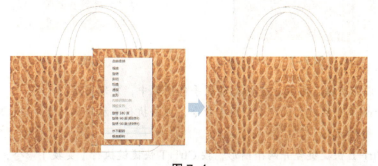

图 7-4

（6）以"图层1副本"为当前图层，按住Ctrl键，在图层面板上选择"图层1"，按Ctrl+E快捷键合并两个图层（图7-5）。

图 7-5

（7）利用移动工具将皮料移动至手包的中间位置，按Ctrl+T快捷键，执行【变换】命令，拖动放大图形，直至皮料覆盖整个手包前幅，双击完成命令。

（8）回到背景图层，利用魔棒工具选择手包的前幅部分，执行【选择/修改/扩展】命令，在打开的【扩展选区】对话框中设置扩展量为1像素（图7-6）。

157

图 7-6

（9）按 Ctrl+Shift+I 快捷键，反选选择区域（图 7-7）。

（10）回到图层"图层 1 副本"，按 Delete 键，删除包体以外的皮料，按 Ctrl+D 快捷键取消选择区域，效果如图 7-8 所示。

图 7-7　　　　　　　　　　　　图 7-8

（11）按照以上步骤，再次把皮料拖动到手包图像中，复制图层。

（12）按 Ctrl+T 快捷键，执行【变换】命令，右击执行【水平翻转】命令，双击完成命令，图像效果如图 7-9 所示。

（13）按 Ctrl+E 快捷键合并两个图形，按 Ctrl+T 快捷键执行【变换】命令，拖动变换图形，直至皮料覆盖整个手包的上幅部分，双击，完成命令（图 7-10）。

图 7-9　　　　　　　　　　　　图 7-10

（14）同步骤（8）~步骤（10），删除除上幅部分以外的皮料，效果如图 7-11 所示。

（15）用同样的方法制作手包的底部面料（图 7-12）。

第一节
皮料手包绘制实例

图 7-11　　　　　　　　图 7-12

2. 包体体积关系的绘制

（1）以手包的上幅部分的图层为当前图层，单击图层面板中的【图层样式】按钮，打开【图层样式】面板，选择【投影】选项，并进行参数设置（图 7-13）。选择【斜面与浮雕】选项，设置其参数（图 7-14）。单击【确定】按钮，完成效果制作如图 7-15 所示。

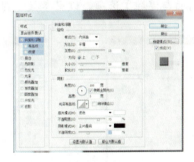

图 7-13　　　　　　　　图 7-14　　　　　　　　图 7-15

（2）以手包的前幅皮料为当前图层，单击图层面板中的【图层样式】按钮，打开【图层样式】对话框，选择【渐变叠加】选项，在对话框中做好相关设置，单击【确定】按钮（图 7-16）。

（3）同样，通过执行【图层样式/渐变叠加】命令制作手包底部的效果，并进行【渐变叠加】参数设置（图 7-17），制作效果如图 7-18 所示。

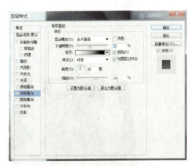

图 7-16　　　　　　　　图 7-17　　　　　　　　图 7-18

（4）回到背景图层，利用魔棒工具，选择手包提手上的金属框，扩展选择区域1像素。

（5）新建"图层4"选择渐变工具，进行渐变属性设置，单击【渐变编辑器】按钮，在打开的【渐变编辑器】对话框中进行设置（图7-19）。

（6）利用渐变工具，在选择区域内拉出渐变颜色（图7-20）。

图 7-19

图 7-20

（7）单击图层面板中的【图层样式】按钮，在弹出的快捷菜单中选择【投影】选项，设置参数（图7-21），选择【斜面与浮雕】选项，设置参数（图7-22），单击【确定】按钮。

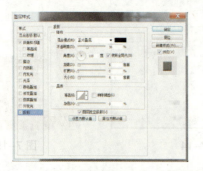
图 7-21

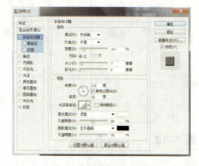
图 7-22

（8）按Ctrl+Shift+E快捷键，合并所有目前制作的手包皮料图层，并将图层混合模式修改为正片叠底模式。利用加深工具、模糊工具把包的暗部边缘适当地虚化一些，使手包有虚有实，增加立体感，效果如图7-23所示。

图 7-23

3. 手挽及辅料的绘制

（1）同"1.手包皮料的绘制"步骤（3）~步骤（10），将皮料覆盖到手挽部位（图7-24）。
（2）按Ctrl+M快捷键，打开【曲线】对话框，调节曲线，效果如图7-25所示。

图 7-24　　　　　　　　　图 7-25

（3）适当调整图层样式中的投影、外发光、斜面与浮雕参数，完成效果制作如图7-26所示。
（4）同样的，制作出后面的手挽效果，只是要注意颜色要深一些，皮料图案要虚一些（图7-27）。

图 7-26　　　　　　　　　图 7-27

（5）回到背景线稿图层，运用魔棒工具选择手包上的鸡眼、钎扣等五金件。
（6）在图层面板所有图层之上新建一个图层，选择渐变工具■，在此图层中进行渐变属性设置，单击【渐变编辑器】按钮，在打开的【渐变编辑器】对话框中进行设置。利用渐变工具■，在选择区域内拉出渐变颜色。
（7）适当调整图层样式中的投影、外发光、斜面与浮雕参数，完成手包绘制，最终效果如图7-28所示。

图 7-28

第二节
女式短靴绘制实例

女式短靴实例效果图

女式短靴实例效果如图 7-29 所示。

图 7-29

女式短靴绘制步骤

1. 女式短靴轮廓绘制

（1）按 Ctrl+N 快捷键，新建一个文件，打开【新建】对话框，设置参数（图 7-30）。选择钢笔工具，在工具选项栏中设置参数后绘制出靴子的部分轮廓（图 7-31）。在图层面板中新建一个组，得到"组1"，将绘制的路径转换为选区，并填充颜色（图 7-32）。

图 7-30

图 7-31

图 7-32

第二节
女式短靴绘制实例

（2）在图层面板中新建一个"图层2"，选择钢笔工具，绘制鞋跟轮廓，将其转换为选区并填充颜色（图7-33）。再新建一个图层，得到"图层3"，使用钢笔工具绘制路径，并用画笔描边路径（图7-34），按Ctrl+J快捷键复制图层，单击图层面板底部的【添加图层样式】按钮，添加斜面和浮雕效果，设置好参数，效果如图7-35所示。

图7-33　　　　　　图7-34　　　　　　图7-35

（3）新建一个图层，得到"图层4"使用钢笔工具绘制路径，并用画笔描边路径，按Ctrl+J快捷键复制图层，单击图层面板底部的【添加图层样式】按钮，在打开的【图层样式】对话框中设置斜面和浮雕效果（图7-36），设置好参数后，单击【确定】按钮，效果如图7-37所示。

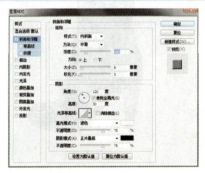 

图7-36　　　　　　　　　　　　图7-37

（4）新建一个图层，选择钢笔工具，绘制靴子上的带子，转换为选区并填充颜色。选择钢笔工具，绘制靴子上的另一个带子，转换为选区并填充颜色（图7-38）。

图7-38

（5）单击图层面板底部的【添加图层样式】按钮fx，添加斜面和浮雕效果，效果如图7-39所示，执行【滤镜/纹理/纹理化】命令，进行参数设置，效果如图7-40所示。

图7-39　　　　　　　　　　　　　　图7-40

（6）选择画笔工具，导入【干介质画笔】按钮，在弹出的对话框中单击【确定】。选择加深工具，在工具选项栏中设置参数，分别在靴子和鞋带上进行涂抹，效果如图7-42所示。

图7-41　　　　　　　　　　　　　　图7-42

（7）新建一个图层，使用钢笔工具绘制一条竖线，在路径面板底部单击【画笔描边路径】按钮，选择减淡工具，在工具选项栏中设置参数，先执行【描边路径】命令，再使用减淡工具进行涂抹（图7-43）。

图7-43

（8）选择加深工具，设置好参数，为刚绘制的线涂抹加深（图7-44）。选中"图层1"，选择减淡工具，设置好参数，在靴子较深的部位进行减淡处理（图7-45）。选中"图层1"，选择减淡工具，设置好参数，为靴子加亮（图7-46）。

第二节 女式短靴绘制实例

图 7-44

图 7-45

图 7-46

（9）选择"图层1"，使用钢笔工具绘制出选区，执行【羽化】命令，设置好参数（图7-47）。选择减淡工具，设置好参数，在靴子上涂抹。选择减淡工具，设置好参数，为刚刚涂抹的地方加亮（图7-48）。

图 7-47　　　　　　　　　　图 7-48

（10）选中"图层1"，选择钢笔工具，在靴子上绘制出选区（图7-49）。执行【羽化】命令，设置参数（图7-50）。

服装配件绘制实例

图 7-49

图 7-50

（11）选择减淡工具，设置好参数，继续在靴子上涂抹，为靴子加亮（图 7-51）。选择钢笔工具，在鞋尖部位绘制选区，选择减淡工具，设置参数（图 7-52），在鞋尖出涂抹。选择加深工具，设置好参数，为鞋尖部位加深。

图 7-51

图 7-52

（12）新建一个图层，选择加深工具，设置好参数，在鞋跟部位进行加深处理（图 7-53）。选择减淡工具，设置好参数（图 7-54），在鞋底前部进行涂抹，完成效果（图 7-55）。

图 7-53

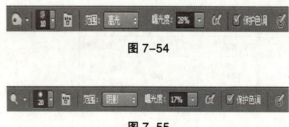

图 7-54

图 7-55

（13）新建一个图层，选择钢笔工具，在鞋带上绘制出扣子的形状，转换为选区并填充颜色，如图 7-56 和图 7-57 所示。

图 7-56　　　　　　　　　　　图 7-57

（14）单击图层面板底部的【添加图层样式】按钮 fx，在打开的【图层样式】对话框中斜面与浮雕效果，效果如图 7-58 和图 7-59 所示。

图 7-58　　　　　　　　　　　图 7-59

（15）在图层面板中复制两次"组 1"，并摆放导合适位置，最后倒入素材背景，将其放在所有图层的最底层，最终效果如图 7-60 所示。

图 7-60

第三节 女式帽子绘制实例

一、女士帽子实例效果图

女士帽子实例效果图如图 7-61 所示。

图 7-61

二、女式帽子绘制步骤

1. 女式帽子轮廓的绘制

（1）按 Ctrl+N 快捷键，弹出【新建】对话框（图 7-62），新建一个文件。

（2）选择钢笔工具 ，（快捷键为 P），设置属性栏，绘制帽子的轮廓路径（图 7-63）。

图 7-62

图 7-63

（3）储存路径。单击路径面板右上方的三角形按钮，执行【存储路径】命令，在打开的【存储路径】的对话框中设置名称为"帽子轮廓"，完成后单击【确定】按钮，路径被保存（图 7-64）。

（4）设置前景色为黑色，选择工具箱中的铅笔工具，进行属性设置（图7-65），单击【切换画笔面板】按钮，打开【画笔】面板，进行画笔预设（图7-66）。

图7-64

图7-65

图7-66

（5）切换至图层面板，单击图层面板中的【创建新图层】按钮，新建图层1，更名为"帽子轮廓"（图7-67）。

（6）选择工具箱中的路径选择工具，（快捷键为A），配合Shift键，或者框选帽子所有轮廓路径，单击路径面板下方的【描边路径】按钮（图7-68）。

（7）取消路径选择，在路径面板其他地方单击，路径即可取消选择。切换至图层面板，帽子轮廓显现，选择工具箱中橡皮擦工具，在帽子轮廓图层擦除交叠的部分轮廓（图7-69）。

图7-67

图7-68

图7-69

（8）设置前景色为黑色，选择工具箱中的铅笔工具，单击【切换画笔面板】按钮，打开【画笔】面板，将画笔设置成虚线（图7-70）。

（9）切换至路径面板，单击【帽子轮廓】路径，选择工具箱中的路径选择工具，（快捷键为A），选择【帽子边缘】路径中帽檐出的单条路径，单击路径面板下方的【描边路径】按钮，切换至图层面板，边缘虚线显现（图7-71）。

图7-70

图7-71

(10) 按 Ctrl+O 快捷键打开素材图片，按 Ctrl+A 快捷键全选对象，按 Ctrl+C 快捷键复制选区。

(11) 切换至帽子文件，按 Ctrl+V 快捷键粘贴选区，在图层面板自动生成"图层 1"，将其命名为"图案"（图 7-72）。

(12) 切换至图层面板，单击"图案"图层，右击执行【复制图层】命令，或者按 Ctrl+J 自动生成图案副本图层。选择移动工具，将图案移动到帽子顶端，再次按 Ctrl+J 复制图案副本，按 Ctrl+T 快捷键，拖放合适的图案大小并放置合适的位置，双击应用变换。确定后将两个图案对齐以完全覆盖帽顶。选中两个图层，按 Ctrl+E 快捷键执行【合并图层】命令（图 7-73）。

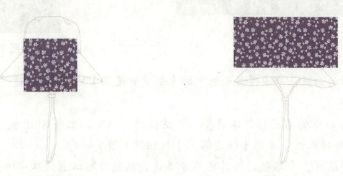

图 7-72　　　　　　　　　　图 7-73

(13) 执行【编辑/变换/变形】命令，对象中出现网格，拖动网格各个手柄至满意的位置，按 Enter 键确定（图 7-74）。

图 7-74

(14) 关闭"图案副本"图层前面的"眼睛"图标，单击"帽子轮廓"图层，选择魔棒工具，配合 Shift 键选中帽子顶部（图 7-75）。

(15) 单击图案副本图层，并打开前面的"眼睛"图标，执行【选择/反向】命令（快捷键为 Ctrl+Shift+I），然后按 Delete 键，删除选区，效果如图 7-76 所示。

图 7-75　　　　　　　　　　　　图 7-76

（16）按 Ctrl+D 快捷键取消选区，单击"图案"图层，按照步骤（12）～步骤（15），填充帽檐部分的图案，效果如图 7-77 和图 7-78 所示。

图 7-77　　　　　　　　　　　　图 7-78

（17）按 Ctrl+D 快捷键取消选区。双击前景色，在拾色器页面选择深褐色并单击，将前景色设置为深褐色，切换至图层面板，单击"帽子轮廓"图层。选择魔棒工具，选中帽子中间处的下面装饰线条，单击图层面板中的【创建新图层】按钮，新建图层，按 Alt+Delete 快捷键，将前景色填充到选区（图 7-79），按 Ctrl+D 快捷键取消选区，再次单击上面的装饰线条，重新设置颜色为浅褐色并填充（图 7-80）。

图 7-79　　　　　　　　　　　　图 7-80

（18）制作帽子的装饰纽扣与蝴蝶带。选择魔棒工具，选中轮廓图层中的装饰扣，新建图层并填充浅褐色，单击图层面板中的【添加图层样式】按钮，设置斜面与浮雕参数，效果如图 7-81 所示。

（19）双击前景色，在拾色器页面选择深褐色并单击，将前景色设置为深褐色，切换至图层面板，单击轮廓图层。选择魔棒工具，选中下方的帽带，单击图层面板中的【创建新图层】按钮，新建图层，按 Alt+Delete 快捷键，将前景色填充到选区（图 7-82）。

（20）帽带下方扎进处添加图层样式效果。选中后新建图层，单击图层面板中的【添加图层样式】按钮，设置斜面与浮雕参数，效果如图 7-82 所示。

图 7-81

图 7-82

（21）单击"帽子轮廓"图层，选择魔棒工具，配合 Shift 键选中帽子阴影部分，单击图层面板中的【创建新图层】按钮，新建图层。选择渐变工具，单击属性栏中的，打开【渐变编辑器】对话框（图 7-83），在渐变条上单击黑色，将鼠标指针移至页面中的褐色上单击。此时黑色转变为褐色，完成后单击【确定】按钮。在页面中的选区内拖出渐变效果（图 7-84）。

图 7-83

图 7-84

（22）添加帽子投影。单击"帽子轮廓"图层，单击面板下方的【添加图层样式】按钮，设置投影参数（图 7-85），效果如图 7-86 所示。

图 7-85

图 7-86

【思考习题】

（23）切换至"图案"图层，选择加深工具 ◉ 和减淡工具 ◐，对帽檐进行颜色的加深和减淡，最终效果如图 7-87 所示。

图 7-87

【思考习题】

1. 如何制作不同肌理的服装面料图？

2. 利用所学工具处理服饰配件帽子、鞋子、手袋各一副。

第八章 服装效果图的处理

 知识目标

了解服装效果图的处理方法。掌握相关服装效果图处理原则等方面的相关知识。

 技能目标

掌握利用 Photoshop CS6 软件各工具进行效果处理的步骤。并能利用 Photoshop CS6 软件进行绘制的能力。

 情感目标

提高学生的动手能力及表达能力，通过学习能举一反三及在实践中能灵活运用的能力。

 思维导图

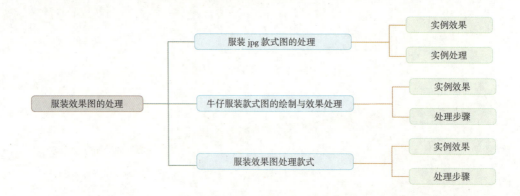

第一节
服装 jpg 款式图的处理

 一、实例效果

jpg 原稿及效果图如图 8-1 和图 8-2 所示。

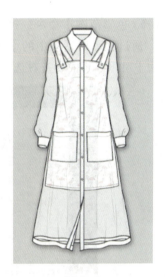

图 8-1　　　　　　　　图 8-2

 二、处理步骤

（1）按 Ctrl+O 快捷键，打开随书资源中的款式图片 3.1.jpg（图 8-3）。

（2）双击背景图层，打开【新建背景】对话框，单机【确定】按钮，将背景图层转换为"图层 0"（图 8-4）。

图 8-3

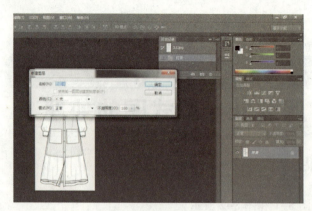

图 8-4

（3）执行【选择/色彩范围】命令，打开【色彩范围】对话框。应用吸管工具单击图片中服装的颜色"白色"。通过移动对话框中的【颜色容差】滑块调节颜色容差，通过【选区预览】下拉列表的【白色杂边】可以在页面中查看选择范围，直至满意为止（图 8-5）。

图 8-5

（4）完成后，单击【确定】按钮，页面中的服装轮廓线被选中（闪动的虚线，图 8-6）。

（5）按 Ctrl+C 快捷键复制选区，按 Ctrl+N 快捷键新建一个文件，在新文件中按 Ctrl+V 快捷键粘贴复制选区（图 8-7）。

图 8-6

图 8-7

（6）按 Ctrl+O 快捷键打开随书资源中的印花图片 IMG-1，选中所需图案，按 Ctrl+C 快捷键复制。切换到新建的文件中，按 Ctrl+V 快捷键粘贴选区，自动生成"图层 2"（图 8-8）。

（7）在"图层 1"上双击，图层名称变为可编辑状态，将名称由"图层 1"更改为"服装轮廓图"，重复操作将"图层 2"更改为"印花面料"（图 8-9）。

第一节

服装 jpg 款式图的处理

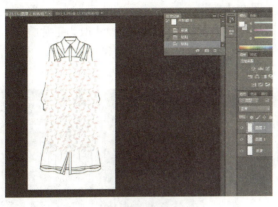

图 8-8

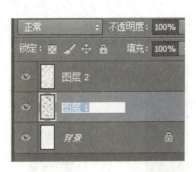

图 8-9

（8）在当前操作层"印花面料"图层中，按 Alt 键，移动复制图层，生成"印花面料　副本"层（图 8-10）。

（9）按 Shift 键，单击"印花面料"图层，将两个图层同时选中，执行【图层/合并图层】命令，此时，图层中的"印花面料"图层消失，但是图层中的对象并未消失，而是与"印花面料　副本"中的对象合在一起（图 8-11）。

图 8-10

图 8-11

（10）选中"印花面料副本"图层，使用移动工具移动至合适位置，关闭该图层前边的"眼睛"图标，使其呈不可见状态。单击"服装轮廓图"图层，选择工具箱中的魔棒工具，按住 Shift 键，选择目标填充印花区域（图 8-12）。

（11）切换至"印花面料　副本"图层，打开"眼睛"图标，印花面料显现，按 Ctrl+Shift+I 快捷键反选选区，按 Delete 键删除，效果如图 8-13 所示。

图 8-12

图 8-13

（12）选择背景，填充浅灰色。选择工具箱中的吸管工具，在页面中印花面料背景颜色上单击，当前填充颜色变为白色。切换至图层面板，选择服装轮廓图图层，用魔棒工具选择背景区域，按

Ctrl+Shift+I 快捷键反选选区，得到服装选区（图 8-14）。

（13）调整图层顺序，将"服装轮廓图"图层移至最上层，图层混合模式改为正片叠底。在"印花面料图层"上新建图层，命名为"白色欧根纱"，按 Alt+Delete 快捷键填充白色，调整图层透明度为 40%（图 8-15）。

图 8-14

图 8-15

（14）切换至"服装轮廓图"图层，用魔棒工具做出白色面料选区（图 8-16），在"服装轮廓图"下新建图层，命名为"白色面料"，填充白色（图 8-17）。

图 8-16

图 8-17

（15）切换至"欧根纱面料"图层，为该图层添加"图层样式"，选中【投影】复选框，混合模式为正片叠底，调整参数（图 8-18），最终效果如图 8-19 所示。

（16）完成后执行【文件/储存】命令，可以将文件保存为 .psd 的源文件格式。执行【文件/存储为】命令，可以保存为其他格式的文件。

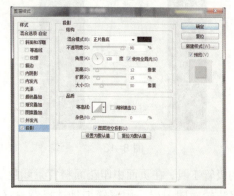

图 8-18

图 8-19

第二节
牛仔服装款式图的绘制与效果处理

一、实例效果

牛仔外套实例效果图如图 8-20 所示。

图 8-20

二、处理步骤

（1）按 Ctrl+N 快捷键，新建一个文件，命名名为"牛仔外套"，填充背景色为浅粉色。

（2）执行【视图/显示/网格】命令（图 8-21）。选择工具箱中的钢笔工具，选择其属性栏中【路径】选项，绘制一半衣身轮廓线（因衣片一般左右片对称，因此绘制一半，另一半直接复制对称即可）。对于不满意的锚点，可用直接选择工具对其进行调整和修改。取消选中路径属性栏中的【排除重叠形状】复选框（图 8-22），用钢笔工具绘制内部分割线（图 8-23）。

（3）此时，在路径面板中是自动生成的工作路径，双击工作路径蓝色区域，弹出【存储路径】对话框，更改路径名称后单击【确定】按钮（存储路径是为了后面修改的需要，如果路径不存储，下一个路径会自动覆盖上一个路径）。

（4）打开一块牛仔服装或牛仔面料，利用矩形选框工具选取其中一块牛仔面料，执行【编辑/定义图案】命令，将牛仔面料定义为图案。

图 8-21

图 8-22

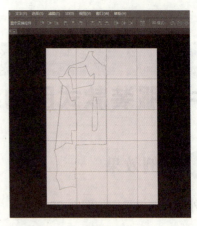

图 8-23

（5）选择【轮廓路径】，单击路径面板下方的【将路径作为选区载入】按钮，载入轮廓路径选区（图 8-24）。切换至图层面板，新建图层，命名为"衣服左片"。执行【编辑/填充/图案/自定义图案】命令，选择刚才定义的图案，单击【确定】按钮（图 8-25）。

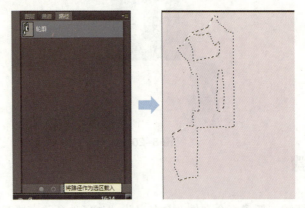

图 8-24

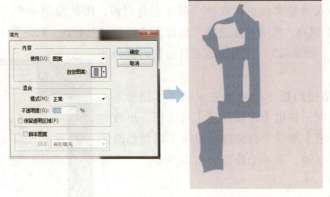

图 8-25

（6）切换至路径面板，新建路径，命名为"明线"，用钢笔工具绘制衣片中明线的路径（图 8-26）。

图 8-26

（7）按 Ctrl+N 快捷键新建一个透明背景文件（图 8-27）。按 D 键复位颜色，用矩形选框工具建立矩形选区，按 Alt+Delete 快捷键填充黑色。执行【编辑/定义画笔】命令，定义矩形画笔（图 8-28）。切换至"牛仔外套"文件，选择"衣服左片"图层，将前景色设置为咖色。选择画笔工具，选择刚才定义的矩形画笔，切换画笔面板，设置画笔属性（图 8-29）。切换至路径面板，选择明线路径，右击执行【描边路径】命令，选择画笔工具，效果如图 8-30 所示。

图 8-27

图 8-28

图 8-29

图 8-30

（8）依旧在"衣服左片"图层上，用钢笔工具距离明线边缘一点距离绘制口袋形状，按 Ctrl+Enter 快捷键载入选区，选择减淡工具，大小设置为 8，硬度为 0，范围选择中间调，曝光度为 50%，沿选区边缘绘制减淡效果。

（9）按 Ctrl+Shift+I 快捷键反选选区，选择加深工具，大小设置为 20，硬度为 0，范围选择中间调，曝光度为 50%，沿选区边缘绘制加深效果，效果如图 8-31 所示。用同样方法，选择加深/减淡工具绘制衣服其他位置边缘效果。

（10）选择减淡工具，切换至画笔面板，选中【形状动态】复选框，设置控制为渐隐，最小直径为 0，沿之前绘制的牛仔边缘画出牛仔面料表面褶皱的亮部效果。用同样方法设置加深工具，绘制褶皱的暗部效果，效果如图 8-32 所示。

图 8-31

图 8-32

（11）按 Ctrl 键，单击"衣服左片"缩略图，载入衣/服左片的选区，按 Ctrl+Shift+I 快捷键反选选区。选择多边形套索工具，属性栏设置为从选区中减去，减去多余选区，得到衣服中填充白色欧根纱面料的选区。新建一个图层，命名为"欧根纱"，填充白色，调整图层不透明度为 35%（图 8-33），按 Ctrl+D 快捷键取消选区。

（12）新建图层，命名为"牛仔毛边"，执行【编辑/填充】命令，使用刚才定义的牛仔图案填充。单击图层面板下方的【添加矢量图层蒙版】按钮，给该图层添加图层蒙版，并将蒙版填充为黑色。

（13）切换至刚才新建的透明文件，删除矩形选框中的黑色，取消选区，选择画笔工具，将画笔大小设置为最小 1，硬度为 100%。设置前景色为黑色，按住 Ctrl 键滚动鼠标，将画布放大，用画笔工具在画布上点几个点，然后用矩形选框工具框选住这几个点，执行【编辑/定义画笔预设】命令，将这几个点定义为画笔笔头。

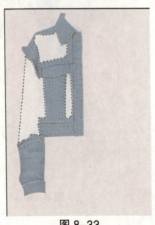

图 8-33

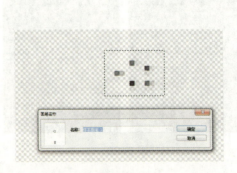

图 8-34

（14）回到"牛仔外套"文件，选择画笔工具，选择刚才定义的画笔，单击【切换画笔面板】按钮，打开画笔面板，设置大小为8，间距为35，选中【形状动态】复选框，设置控制为渐隐。设置前景色为白色，在"牛仔毛边"图层的蒙版上，用白色画笔擦出毛边效果（图8-35）。

（15）为使毛边效果更为逼真，可在"牛仔毛边"图层下新建一个图层，命名为"白色毛边"，并给该图层添加图层蒙版，方法同上。为使"白色毛边"图层效果与"欧根纱"区分开，可为"白色毛边"图层添加图层样式，设置投影效果，效果如图8-36所示。

（16）为衣服左边的袖口和口袋添加扣子，也可适当添加一些刺绣贴片装饰，效果如图8-37所示。

图8-35　　　　　　　　　图8-36　　　　　　　　　图8-37

（17）新建图层，命名为"盖印图层"。单击背景图层前的"眼睛"图标，使其呈不可见状态，按Ctrl+Alt+Shift+E快捷键，盖印可见图层，此时所有可见图层盖印为一个图层并保留原有图层。复制"盖印图层"，执行【编辑/变换/水平翻转】命令，将该图层移至"盖印图层"下方，单击背景层前的"眼睛"图标，使背景呈可见状态，效果如图8-38所示。

（18）新建图层，命名为"领子"，放置在"盖印图层"下方，参照前边的方法步骤完成领子部分的绘制，调整局部细节并添加门襟处的扣子。此时，整个牛仔外套绘制完成（图8-39）。

图8-38　　　　　　　　　　　　图8-39

第三节
服装效果图处理款式

一、实例效果

实例效果图如图 8-40 所示。

图 8-40

二、处理步骤

（1）启动 Photoshop 软件，执行【文件/打开】命令，打开素材图片 3.3.jpg。
（2）选择工具箱中的裁剪工具，在图像中按住鼠标左键并拖动，裁剪不需要的部分。
（3）执行【图像/调整/去色】命令，将线稿变为黑白线稿（图 8-41）。

图 8-41

第三节 服装效果图处理款式

（4）执行【图像/自动对比度】命令，调整图片对比度（图8-42）。

（5）执行【图像/调整/色阶】命令，打开【色阶】对话框，向右拖动黑色滑块，向左拖动白色滑块，直至线稿黑白分明（图8-43）。

图8-42　　　　　　　　　　　图8-43

（6）设置背景色为白色，选择橡皮擦工具，设置橡皮擦硬度为80%，擦除线稿周围多余杂色（图8-44）。

（7）选择减淡工具，硬度设置为0，范围选择高光，选中保护色调复选框，擦除线稿内部多余杂色（图8-45）。

图8-44　　　　　　　　　　　图8-45

（8）选对快速选择工具，设置属性为添加到选区，选择皮肤区域，新建图层，命名为皮肤，设置前景色为肤色，按Alt+Delete快捷键填充前景色肤色到肤色选区，更改图层混合模式为【正片叠底】（图8-46）。

（9）回到线稿背景层，用快速选择工具选择帽子区域，新建图层，命名为帽子，设置前景色为姜黄色，按Alt+Delete快捷键填充前景色肤色到帽子选区，更改图层混合模式为【正片叠底】，执行【滤镜/杂色/添加杂色】命令，给帽子添加杂色效果，执行【滤镜/模糊/高斯式模糊】命令，使杂色效果更为柔和（图8-47）。

图 8-46

图 8-47

（10）在"皮肤"图层上方、"帽子图层"下方，新建一个图层，命名为"五官"和"头发"，设置图层混合模式为【正片叠底】，选择画笔工具，设置画笔硬度为50%，绘制五官和头发（图8-48）。

（11）回到线稿背景层，用快速选择工具选择上衣吊带背心区域，新建图层，命名为"背心"，设置前景色为深蓝灰色，按 Alt+Delete 快捷键填充前景色到背心选区，更改图层混合模式为【正片叠底】，执行【滤镜/杂色/添加杂色】命令，给背心添加杂色效果（图8-49）。

图 8-48

图 8-49

（12）回到线稿背景层，用快速选择工具选择短裙区域，新建图层，命名为"短裙"，设置前景色为牛仔蓝，按 Alt+Delete 快捷键填充前景色到短裙选区，更改图层混合模式为【正片叠底】，执行【滤镜/杂色/添加杂色】命令，给背心添加杂色效果，执行【滤镜/滤镜库/纹理】命令，给短裙添加纹理效果（图8-50）。

（13）回到线稿背景层，用快速选择工具选择腰带区域，在"短裙"图层上新建图层，命名为"腰带"，设置前景色为浅咖色，背景色为深咖色，执行【滤镜/渲染/云彩】命令，填充渲染效果，更改图层混合模式为【正片叠底】，执行【滤镜/滤镜库/染色玻璃】命令，设置单元格大小和边框粗细为最小，光照强度为5，单击【确定】按钮，复制"腰带"图层，更改图层混合模式为【正片叠底】，执行【滤镜/风格化/浮雕效果】命令，腰带效果如图8-51所示。

第三节 服装效果图处理款式

图 8-50　　　　　　　　图 8-51

（14）回到线稿背景层，用快速选择工具选择袜裤区域，在"短裙"图层下方新建图层，命名为"袜裤"，设置前景色为深灰色，按 Alt+Delete 快捷键填充前景色到袜裤选区，更改图层混合模式为【正片叠底】，执行【滤镜/杂色/添加杂色】命令，给背心添加杂色效果，执行【滤镜/滤镜库/龟裂缝】命令，得到袜裤效果（图 8-52）。

（15）回到线稿背景层，用快速选择工具选择包的区域和鞋子区域，新建图层，命名为"包和鞋"，给该图层添加颜色效果，方法同步骤（13），为区分与腰带的颜色，可执行【图像/调整/色相饱和度】命令，效果如图 8-53 所示。

图 8-52　　　　　　　　图 8-53

（16）回到线稿背景层，用快速选择工具选择外套区域，新建图层，命名为"外套"，设置前景色为浅蓝色，按 Alt+Delete 快捷键填充前景色到外套选区，更改图层混合模式为【正片叠底】，效果如图 8-54 所示。

（17）打开"格子面料"文件，选择仿制图章工具，按 Alt 快捷键定义仿制源点，回到效果图文件中，载入外套选区，新建图层，图层混合模式改为【正片叠底】，用仿制图章工具仿制绘制选区内衣身部分格子面料。切换至"格子面料"文件，重新定义仿制源点，再回到效果图文件中，用同样的方法绘制袖子部分格子面料，效果如图 8-55 所示。

187

图 8-54

图 8-55

（18）在图层最上方新建图层，命名为"盖印图层"，按 Ctrl+Shift+Alt+E 快捷键盖印所有可见图层为一个图层，选择减淡工具，范围选择中间调，曝光度设置为 10%，去掉保护色调，减淡效果图中应是高光的部分。

（19）选择加深工具，范围选择中间调，曝光度设置为 20%，去掉保护色调，加深效果图中应是阴影的部分，最终效果如图 8-56 所示。

图 8-56

【思考习题】

1. 如何快速准确地处理手稿图片的背景及其他颜色?

2. 利用所学工具处理服装手稿效果图两幅。

第九章 CorelDRAW 和 Photoshop 软件处理服装效果图

 知识目标

　　了解男西装的起源、演变、分类、面料、穿着法则及色彩搭配等相关知识。学习利用 CorelDRAW 和 Photoshop 两软件特点处理服装效果图的步骤。

 技能目标

　　掌握西装的穿着法则与色彩运用技巧，熟记男礼仪西装、男日常西装、男休闲西装及绘制方法。

 情感目标

　　理解男、女西装的结构设计变化原理及对款式的分析，使学生能够举一反三进行款式设计变化，增加学生对服装结构设计的趣味性。

 思维导图

一、实例效果图

实例效果图如图9-1所示。

二、操作步骤

（1）启动CorelDraw软件，执行【文件/新建】命令，新建一个A4文档。

（2）选择轮廓笔工具，设置轮廓笔默认效果，颜色设置为黑色，轮廓粗细为0.529mm，角为圆角，线条端头为第一个样式，书法展开为14%，角度为0°（图9-2）。

图 9-1

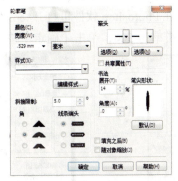

图 9-2

（3）选择贝塞尔工具，绘制衣身轮廓线，用形状工具调整整体造型与局部细节（图9-3）。

（4）选择轮廓笔工具，设置轮廓笔默认粗细为0.353，书法为21%，其他不变，绘制衣服内部结构线和衣褶线，并按Shift键加选部分需要加粗或变细的线条，按Ctrl+Shift+Q快捷键将轮廓转换为形状，并对其进行调节（图9-4）。

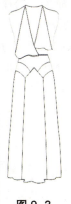

图 9-3

图 9-4

（5）选择渐变填充工具，用挑选工具选择肩部，填充肩部颜色为渐变色。打开调色板，选择腰部，在深灰色上单击鼠标左键填充腰部颜色为深灰色；选择衣服里片，在灰色上单击，填充灰色，填充衣身其他部位为白色（图9-5）。

（6）导出文件，为.eps格式（图9-6）。

第九章

CorelDRAW 和 Photoshop 软件处理服装效果图

图 9-5　　　　　　　　　　　图 9-6

（7）启动 Photoshop 软件，执行【文件/打开】命令，打开 .tif 格式的"人体模板"图片（图 9-7）。

（8）执行【文件/打开】命令，在 Photoshop 软件里打开 .eps 格式的"连衣裙款式图"，弹出【栅格化。EPS 格式】对话框，设置分辨率为 300，单击【确定】按钮（图 9-8）。

图 9-7　　　　　　　　　　　图 9-8

（9）将栅格化的"连衣裙款式图"拖进"人体模板"文件中，并将其放置在图层最上方，并调整其至合适大小（图 9-9）。

（10）打开图案素材文件 4.2，用选区工具框选住粉色图案部分，执行【编辑/自定义图案】命令，将当前选中的图案选区定义为图案。切换至"人体"文件中，用快速选择工具选中衣身白色部分选区，新建图层，命名为"图案"，执行【编辑/填充/图案填充】命令，选择刚才定义的图案填充这部分选区，将图层混合模式改为【正片叠底】，效果如图 9-10 所示。

（11）用吸管工具吸取图案面料的底色，填充衣身中剩余的白色部分。

（12）选择"图案"图层，执行【滤镜/液化】命令，选择向前变形工具，设置合适大小的画笔，压力为 70%，将图案沿衣褶方向扭曲液化，效果如图 9-11 所示。

图 9-9　　　　　　图 9-10　　　　　　图 9-11

（13）选择"图案"图层，选择加深工具，设置范围为中间调，曝光值为15%~20%，去掉保护色调，调节笔头为合适大小，将衣褶阴影部分擦出；选择减淡工具，设置范围为中间调，曝光值为10%~15%，去掉保护色调，将衣褶高光部分擦出，效果如图9-12所示。

（14）选择"图案"图层，执行【滤镜/滤镜库/纹理】命令，给图案图层增加面料效果，设置画布缩放为70%，凸现为4，光照方向为上，效果如图9-13所示。

图9-12　　　　　　　　　图9-13

（15）在图层的最上层新建一个图层，命名为"盖印图层"，关闭背景层的"眼睛"图标，其他图层均为可见状态，选中"盖印图层"，按Ctrl+Shift+Alt+E快捷键，得到一个完整独立的盖印图层，单击图层面板下方的【图层样式】按钮，给该盖印图层添加图层样式，设置阴影参数，设置混合模式为【正片叠底】，不透明度为80%，角度为125，距离为22，扩展为20，大小为25，最终效果如图9-14所示。

图9-14